节水知识 100 问

侯新 孙华 主编

U0286514

黄河水利出版社

·郑州·

内 容 提 要

本书以问答的形式,科普节约用水的基础知识,树立和增强人民群众节约用水的观念和意识,旨在推进全社会节约用水工作。全书共七个部分,第一部分为节水的基础知识,第二至第五部分分别为城市、生活、工业、农业等方面的节水知识,第六部分为节水管理的内容,附录中引用了企业水平衡测试通则等五个与节水相关的文件。

本书可供水利及相关行业干部职工、广大社会群众和大中小学生阅读参考。

图书在版编目(CIP)数据

节水知识100问/侯新,孙华主编.—郑州:黄河水利出版社,2019.6 (2022.1 重印)
ISBN 978-7-5509-2389-8

Ⅰ.①节… Ⅱ.①侯…②孙… Ⅲ.①节约用水-问题解答 Ⅳ.①TU991.64-44

中国版本图书馆 CIP 数据核字(2019)第 106232 号

组稿编辑:王路平 电话:0371-66022212 E-mail:hhslwlp@ 126.com

出 版 社:黄河水利出版社   网址:www.yrcp.com
      地址:河南省郑州市顺河路黄委会综合楼14层 邮政编码:450003
发行单位:黄河水利出版社
      发行部电话:0371-66026940、66020550、66028024、66022620(传真)
      E-mail:hhslcbs@ 126.com
承印单位:河南承创印务有限公司
开本:890 mm×1 240 mm 1/32
印张:5.25
字数:130 千字   印数:1 501—2 000
版次:2019 年 6 月第 1 版   印次:2022 年 1 月第 3 次印刷
定价:20.00 元

前 言

　　水是生命之源、生产之要、生态之基。不仅工业、农业的发展要靠水,水更是城市发展,人民生活的生命线。水是一切生命过程中不可替代的基本要素,也是维系国民经济和社会发展的重要基础资源。我国水资源总量丰富,但人均水量只是世界人均水量的1/4,是全球人均水资源最贫乏的国家之一,水资源短缺已成为经济社会可持续发展的重要制约因素。随着我国经济社会的快速发展,水资源短缺的矛盾将更为突出。党的十八大以来,党中央和习近平总书记站在可持续发展的战略高度,提出了"节水优先、空间均衡、系统治理、两手发力"的治水方针,其中把节水摆在首位。这是针对我国国情、水情,总结世界各国发展教训,着眼中华民族永续发展做出的关键选择,是新时期治水工作必须始终遵循的根本方针。

　　党的十九大做出我国社会主要矛盾已经转化为人民日益增长的美好生活需要和不平衡不充分的发展之间的矛盾的重大论断,把坚持人与自然和谐共生纳入新时代坚持和发展中国特色社会主义的基本方略;国务院对实施国家节水行动、统筹山水林田湖草系统治理、加强水利基础设施网络建设等提出明确要求,进一步深化了水利工作内涵,指明了水利发展方向。《中华人民共和国水法》总则第八条明确规定:"国家厉行节约用水,大力推行节约用水措施,推广节约用水新技术、新工艺,发展节水型工业、农业和服务业,建立节水型社会"。这为节约用水、节水型社会的全面建设提供了法律保障。建设节水型社会是落实节约资源和保护环境的基本国策,是解决我国干旱缺水问题最根本的战略举措。

近年来,全国从上到下采取管理、经济、技术、工程、宣传等多种措施推进节水,激发了整个社会的热情,不论是政府主导的节制用水,还是社会公众的自发节水,较之以往都有了长足的进步和全面的提高。节约用水的观念逐渐深入人心,人们的用水习惯也在陆续改变。为推进节水工作,并进一步做好节水科普与宣传,在相关部门的支持下,组织编写了本书。

本书主要内容如下:第一部分为节水的基础知识,第二至第五部分分别为城市、生活、工业、农业等方面的节水知识,第六部分为节水管理的内容,附录中引用了企业水平衡测试通则等五个与节水相关的文件。本书可供水利及相关行业部门干部职工、广大社会群众和大中小学生学习参考。

本书由侯新、孙华主编。参与本书编著的还有张明钱、王凯、舒乔生、熊鹰、王晓琴、贺靖、石喜梅、胡勇、王强、王龙、熊学恒等。

本书出版得到水资源与生态环境保护重庆市高职高专应用技术推广中心建设项目、重庆市教委科技重点项目"城市河流生态综合治理关键技术研究"(KJQN201803811)的支持。在本书编著过程中得到了重庆市水利局节水办、重庆市教委科技处等相关部门、有关区(县)水利局、重庆圣木嘉水科技有限公司、重庆淼嘉科技发展有限公司(节水研究与推广应用所)等企事业单位的大力支持。

本书参阅并吸收了国内外相关文献资料和有关人员的研究成果,在此表示衷心的感谢!

由于编者水平有限,本书内容难免有错误或疏漏之处,敬请读者批评指正。

编　者

2019 年 4 月

目　录

第一部分　基础知识

第二部分　城市节水

第三部分　生活节水

第六部分 节水管理

附　录

第一部分　基础知识

1 水是什么？水的用途与功能有哪些？

水（H_2O）是由氢、氧两种元素组成的无机物，在常温常压下为无色无味的透明液体。水包括天然水（河流、湖泊、大气水、海水、地下水等），人工制水（通过化学反应使氢氧原子结合得到水），是地球上最常见的物质之一，是包括人类在内所有生命生存的重要资源，也是生物体最重要的组成部分。水在生命演化中起到了重要作用，它是一种可再生资源。

1. 水是人类的生命之源

在地球上，哪里有水，哪里就有生命。一切生命活动都是起源于水的。人体内的水分，大约占到体重的 65%。没有水，食物中的养料不能被吸收，废物不能排出体外，药物不能到达起作用的部位。人体一旦缺水，后果是很严重的。缺水 1%～2%，感到渴；缺水 5%，口干舌燥，皮肤起皱，意识不清，甚至出现幻视；缺水 15%，心跳急促失忆，意识会很快消失。缺水 20%，会晕倒。如果没有食物，人可以活 3 周；如果没有水，最多能活 3 天。

2. 水是植物的生命源泉

植物含有大量的水，约占体重的 80%，蔬菜含水 90%～95%，部分水生植物含水可达 98% 以上。水替植物输送养分，使植物枝叶保持婀娜多姿的形态；水参加光合作用，制造有机物；水的蒸发，使植物保持稳定的温度不致被太阳灼伤。

3. 水是工业的血液

水在制造、加工、冷却、净化、控调、洗涤等方面发挥着重要的作用，被誉为工业的血液。例如，在钢铁厂，靠水降温保证生产；钢锭轧制成钢材，要用水冷却；高炉转炉的部分烟尘要靠水来收集。水在造纸厂是纸浆原料的疏解剂、解释剂、洗涤运输介质和药物的溶剂。火力发电厂冷却用水量十分巨大，同时，也消耗部分水。食品厂的和面、蒸馏、煮沸、腌制、发酵都离不了水，酱油、醋、汽水、啤酒等，其实也是水的化身。

2 一吨水的作用有多大?

炼钢→100 kg	生产水泥→200 kg
发电→2 500 度	生产食用油→250 kg
炼油→2 000 kg	生产电视机→11 台
造纸→100 kg	生产红砖→2000 块

3 什么是水资源? 水资源有哪些特点?

根据世界气象组织(WMO)和联合国教科文组织(UNESCO)的《INTERNATIONAL GLOSSARY OF HYDROLOGY》中有关水资源的定义,水资源是指可资利用或有可能被利用的水源,这个水源应具有足够的数量和合适的质量,并满足某一地方在一段时间内具体利用的需求。根据全国科学技术名词审定委员会公布的水利科技名词中有关水资源的定义,水资源是指地球上具有一定数量和可用质量能从自然界获得补充并可资利用的水。

水资源的定义应当从广义和狭义两个方面进行考虑。

广义的水资源:地球上一切具有直接利用或潜在利用价值的天然水。广义的水资源有利于指导人们充分利用和保护一切具有潜在利用价值的水资源,如淡化海水、更新极其缓慢的深层地下水和咸水等。

狭义的水资源:水资源是维持人类社会生存和发展不可替代的自然资源。在一定经济技术条件下可以被人类社会直接利用,具有一定质和量的保证,并能在短时间内得到恢复的天然水。狭义的水资源是指导人类生产实践,进行水资源开发、利用、管理和保护等各项活动的基础。

随着人口剧增、用水量增大,随着经济社会的发展和技术水平的不断提高,人类对水的需求量将大大增加,狭义水资源的外延可能不断扩大,并逐步接近广义的水资源。

1. 循环再生性、有限性

水资源与其他资源不同,在水循环过程中使水不断地恢复和更新,属可再生资源。水循环过程具有无限性的特点,但在其循环过程中,又受太阳辐射、地表下垫面、人类活动等条件的制约,每年更新的水量又是有限的,而且自然界中各种水体的循环周期不同,水资源恢复量也不同,反映了水资源属动态资源的特点。所以,水循环过程的无限性和再生补给水量的有限性,决定了水资源在一定限度内才是"取之不尽,用之不竭"的。

2. 时空分布的不均匀性

作为水资源主要补给来源的大气降水、地表径流和地下径流等都具有随机性和周期性,其年内与年际变化都很大;它们在地区分布上也很不均衡,这给水资源的合理开发利用带来很大的困难。

3. 利用的广泛性和不可代替性

水资源是生活资料亦是生产资料,在国计民生中用途广泛,各行各业都离不开它。水资源这种综合效益是其他任何自然资源无法替代的。此外,水还有很大的非经济性价值,自然界中各种水体是环境的重要组成部分,有着巨大的生态环境效益,水是一切生物的命脉。

4. 利与害的两重性

由于降水和径流的地区分布不平衡和时程分配的不均匀,往往会出现洪涝、水灾等自然灾害。开发利用水资源的目的是兴利除害,造福人民。如果开发利用不当,也会引起人为灾害。例如,垮坝事故、水土流失、次生盐渍化、水质污染、地下水枯竭、地面沉降、诱发地震等。水的可供开发利用和可能引起的灾害,说明水资源有利与害的两重性。因此,开发利用水资源必须重视其两重性的特点,严格按自然和社会经济规律办事,达到兴利除害的双重目的。

5. 社会性和经济性

水资源不只是自然之物,而且有商品属性。一些国家都建立了有偿使用制度,在开发利用中受经济规律制约,体现了水资源的社会性和经济性。

4 我国水资源开发利用情况及特点?

我国人多水少,水资源供需矛盾突出,全国正常年份缺水量达 500 亿 m^3,水安全已全面亮起红灯。全社会节水意识不强、用水粗放、浪费严重,水资源利用效率与国际先进水平存在较大差距。2017 年,我国农田灌溉水有效利用系数仅为 0.54,与发达国家 0.7~0.8 的系数差距很大;万元工业增加值用水量为 45.6 m^3,是世界先进水平的 2 倍;万美元 GDP 用水量约为 500 m^3,而发达国家基本在 300 m^3 以下。水资源短缺已经成为生态文明建设和经济社会可持续发展的瓶颈制约。我国水资源开发利用情况及特点如下:

1. 水资源总量丰富,人均占有量低

目前,水资源问题已成为众多国家急需解决的难题,我国人均水资源短缺问题也十分严重。虽然我国水资源总量丰富,截至 2017 年,全年水资源总量 28 675 亿 m^2,居世界前列,但由于我国人口基数大,且正处于经济高速发展时期,生活及经济需水量愈来愈高。同时,水资源污染及浪费现象也使得我国用水压力越来越大,人均水资源量更为紧张。

2. 水资源分布不均

在我国,水资源地区分布不均,呈现出南多北少,沿海水多、西北部水少的特点,尤其在南北方水资源分布上差距更为显著。我国水资源补给的主要来源是降水,北方六区的年降水量在 400 mm 左右,而南方四区的降水量在 1 200 mm 左右,严重的降水补给差异更加导致两区水资源量的不同。其中,影响降水转化为水资源的部分原因是蒸散发。因气候等原因,我国西北沙漠和草原

地区,蒸散发能力强于南方以及沿海地区,进而使水资源差异愈加显著。

3.水资源污染严重

我国水污染主要是由于废污水的排放导致地表水污染,进而影响水资源质量。我国废污水排放主要来源于农业灌溉排水、生活及工业废水。我国是农业大国,农业用水量占总用水量的62.4%,农田灌溉水流经农田后挟带化肥农药等下渗,补给地下水,易导致地下水污染。我国工业用水量也十分巨大,且生产主要集中在江河沿岸的大城市,人口密度相对较大,若废水处理不达标,更易造成城市下游江段河流水质严重污染,导致水环境恶化。其次是由于我国水土流失严重,水土流失导致流经此地的河流含沙量加大,并可挟带土壤中毒害物质进入河流,影响水流质量及利用。

4.水资源浪费严重,重复利用率低

我国水资源浪费主要表现在农业灌溉及生活用水2个方面。在农业灌溉方面,我国灌溉面积为73 177 km^2,其中节水灌溉面积约占总灌溉面积的45%,农田灌溉水有效利用系数为0.54,表明在灌溉过程中约有50%的水未被利用。农业灌溉产生的水浪费,更多的是由灌溉技术的不成熟、灌溉方式的不合理导致的。生活用水占我国总用水量的1/4,其产生浪费的一个重要原因就是长期以来水价过低,导致居民缺少"水贵,节约用水"的意识,进而不重视水的节约利用,使得水的重复利用率过低。

5.水资源开发利用不合理

社会的持续发展导致对水资源的需求量日益增加,从而对水资源的开发力度也逐渐加大。水资源的开发利用主要包括地表河流与地下水两个方面。我国不同地区河流开发利用差异较大,如长江、珠江流域开发利用程度只有百分之十几,而海河流域开发已超过其承载能力,河流水的过度开发易造成河流断流,从而影响河流沿岸水资源利用。

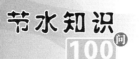

5 为什么我国被列为世界上贫水国之一？

我国多年平均年水资源量（淡水资源量）约 2.8 万亿 m³ 居世界第六位。但我国的人均水量只是世界人均水量的 1/4，居世界 149 个国家的第 110 位，是全球人均水资源最贫乏的国家之一。

按照国际上的通行标准，人均拥有水量 2 000 m³ 被视为严重缺水，人均拥有水资源 1 000 m³ 是底线要求。目前，我国人均水量仅 2 273 m³，预计到 2030 年，人均水量仅 1 700 m³。这仅仅是人均水资源的毛水量，如果根据国际上通用的转换标准计算的话，到 21 世纪中叶，我国人均只拥有 638 m³ 的可用水资源。

我国水资源分布不均，大量淡水资源集中在南方，北方淡水资源只有南方淡水资源的 1/4。目前我国干旱缺水的地区涉及 20 多个省、市、区，其中 18 个省、市、区接近或处于严重缺水边缘，10 个省、市、区在最低要求线之下。我国城市 600 余座，近 400 座缺水，130 多座严重缺水，甚至我国首部北京，也是严重的缺水之都。

6 为什么说今后国家或地区间的争端主要源于水？

现在整个世界有能源、水源、食物、人口等多种危机，其中危机程度最严重、影响最广的是水资源的相对短缺。首先，水是人类生存的必要条件；其次，水是农业、国民经济的命脉，对于一个国家或地区而言，经济越发展水越显不足。因此，今后国家或地区间的争端有可能主要表现在对于水的争夺或占有上。

7 缺水会给工农业生产带来什么样的后果？

随着人口增长和社会经济的高速发展，工农业用水量不断增加，而供水的增长明显落后于需水的增长。按现状用水统计，全国在中等干旱年缺水 360 亿 m³。近 10 多年来，全国每年受旱面积都在 0.2～0.27 亿 hm²（1 hm² = 15 亩），约有 0.07 亿 hm² 灌溉面积由于缺水得不到灌溉。每年由于缺水少生产粮食 600～700

亿 kg 以上。在全国 640 个城市中,缺水城市达 300 多个,其中严重缺水城市 114 个,日缺水量达 1 600 万 t。全国每年因缺水造成的直接经济损失达 2 800 亿元,是洪水灾害损失的 2.5 倍以上。

由于缺水而过量开发利用水资源,造成黄淮海流域、辽河流域、胶东半岛诸河以及新、青、甘、宁、内蒙古内陆河流域等地区有的河流河水枯竭、河流断流、河道萎缩、湖泊干涸;有的地下水位下降,形成地下水漏斗、地面沉降、海水倒灌;有的土地荒漠化,对我国的生存与发展已构成严重威胁。

河湖水域污染,不少河常年流的是污水、臭水。河流入海水量减少,造成河道淤高、河口淤积。地表水不够用就转向超采地下水。河北、山东、辽宁、山西、北京等省市每年超采地下水数十亿立方米,河北中南部平原地区地下水位平均每年下降 1~1.5 m,机井深度从 20~30 m 发展到 300~400 m。超采地下水造成水质变差,地面沉降,沿海地区海水入侵,良田变成盐碱地。甘肃省河西走廊的石羊河,上游过量用水,减少了对下游地区地下水的补给,民勤县绿洲萎缩,大面积沙枣树枯死,植被退化、土地沙化、碱化、腾格里沙漠向南进逼,已有十多万亩耕地撂荒等。这些都直接威胁着我国工农业生产的发展。

8　导致我国缺水的主要原因是什么?

就我国情况而言,导致缺水的主要原因有自然、人为两大因素。一方面,我国地理位置、地势条件决定了我国的一个基本的气候条件——季风气候,这样一个气候条件使我国每年自二月开始,在暖湿气流的影响下,自南向北逐渐形成多雨区,到 8 月止,此后便进入降温期,受西伯利亚寒流的影响,形成寒冷少雨季节。这样年复一年,循环不止,形成我国降雨主要集中在 6~9 月,可利用的淡水不能有效的利用,白白流入大海,造成自然浪费。另一方面,人为地破坏生态环境加剧了水土流失,浪费了水资源。城市工业、生活用水和农业用水也存在浪费现象。工、农业的发展还对水资源造成严重污染。这些都是导致缺水的原因。

9 什么是节约用水？

节约用水，又称节水。节约用水是指通过行政、技术、经济等手段加强用水管理，调整用水结构，改进用水工艺，实行计划用水，杜绝用水浪费，运用先进的科学技术建立科学的用水体系，有效地使用水资源，保护水资源，适应城市经济和城市建设持续发展的需要。节约用水、高效用水是缓解水资源供需矛盾的根本途径。节约用水的核心就是提高用水效率和效益。

10 跑冒滴漏的浪费水量有多大？

水压在 0.1 MPa 时一个水龙头：

大漏每日 37.44 m^3

中漏每日 14.3 m^3

小漏每日 1.2 m^3

线漏每日 0.7 m^3

水压在 0.1 MPa 时一个水箱：

大漏每日 12.96 m^3

中漏每日 5.6 m^3

小漏每日 3.6 m^3

线漏每日 0.7 m^3

11 什么是水循环？

地球上的水以液态、固态和气态的形式分布于海洋、陆地、大气和生物机体中，这些水体构成了地球的水圈。水圈中的各种水体在太阳的辐射下不断地蒸发变成水汽进入大气，并随气流的运动输送到各地，在一定条件下凝结形成降水。降落的雨水，一部分被植物截留并蒸发，一部分渗入地下，另一部分形成地表径流沿江河回归大海。渗入地下的水,有的被土壤或植物根系吸收,然后通过蒸发或散发返回大气;有的渗入更深的土层形成地下水,并以泉水或地下水的形式注入河流回归大海。水圈中的各种水体通过蒸发水汽输送、凝结、降落、下渗、地表径流和地下径流的往复循环过程,称为水循环。

按照水循环的规模与过程可分为大循环、小循环和内陆水循环。

从海洋蒸发的水汽被气流输送到大陆上空,冷凝形成降水后落到陆面,其中一部分以地表径流和地下径流的形式从河流回归海洋;另一部分重新蒸发返回大气。这种海陆间的水分交换过程,称为大循环。

海洋上蒸发的水汽在海洋上空凝结后,以降水的形式降落到海洋里,或陆地上的水经蒸发凝结又降落到陆地上,这种局部的水循环称为小循环。前者称为海洋小循环,后者称为内陆小循环。

水汽从海洋向内陆输送的过程中,在陆地上空一部分冷凝降落,形成径流向海洋流动,同时也有一部分再蒸发成水汽继续向更远的内陆输送。愈向内陆水汽愈少,循环逐渐减弱,直到不再能成为降水为止。这种局部的循环也叫作内陆水循环。内陆水循环对内陆地区降水有着重要作用。

实际上,一个大循环包含多个小循环,多个小循环组成一个大循环。水循环过程中的蒸发、输送、降水和径流称为水循环的四个基本环节。

12 什么是节水型社会?

《中华人民共和国水法》总则第八条规定"国家厉行节约用水,大力推行节约用水措施,推广节约用水新技术、新工艺,发展节水型工业、农业和服务业,建立节水型社会"。

节水型社会指人们在生活和生产过程中,对水资源的节约和保护意识得到了极大提高,并贯穿于水资源开发利用的各个环节。在政府、用水单位和公众的参与下,以完备的管理体制、运行机制和法律体系为保障,通过法律、行政、经济、技术和工程等措施,结合社会经济结构的调整,实现全社会的合理用水和高效益用水。

节水型社会的节水,主要通过制度建设,注重对生产关系的变革,形成以经济手段为主的节水机制。通过生产关系的变革进一步推动经济增长方式的转变,推动整个社会走上资源节约和环境友好的道路。

节水型社会的本质特征是建立以水权、水市场理论为基础的水资源管理体制,形成以经济手段为主的节水机制,不断提高水资源的利用效率和效益。

节水型社会建设的核心就是通过体制创新和制度建设,建立起以水权管理为核心的水资源管理制度体系、与水资源承载能力相协调的经济结构体系、与水资源优化配置相适应的水利工程体系;形成政府调控、市场引导、公众参与的节水型社会管理体系,形成以经济手段为主的节水机制,树立自觉节水意识及其行为的社会风尚,切实转变全社会对水资源的粗放利用方式,促进人与水和谐相处,改善生态环境,实现水资源可持续利用,保障国民经济和社会的可持续发展。

⑬ 我国节水型社会的提出和发展历程是什么?

研究水资源节约,建立节水社会不但是一项必要的而且是一项相当紧迫的任务。党和国家历来重视节水工作,把节水型社会建设作为解决我国资源问题的一项战略性和根本性的举措,全面推进。节水型社会的提出和发展历程如下:

1986 年

节水型社会早在 1986 年提出。1986 年,中央书记处农研室和水电部联合召开了"农村水利工作座谈会",会后国务院办公厅转发了《关于听取农村水利工作座谈会汇报的会议纪要》(国发〔1986〕50 号)。会议纪要强调:要把节水作为一项长期的基本国策。要广泛宣传提高对节水重要性的认识,促使全社会重视节水,建立节水型社会。

2000 年

2000 年的《中共中央关于制定国民经济和社会发展第十个五年计划的建议》中明确提出"大力推行节约用水措施,发展节水型农业、工业和服务业,建立节水型社会"。

2001 年

2001 年,甘肃张掖市作为第一个试点开始探索建设节水型社会。

2002 年

2002 年 2 月,水利部印发《关于开展节水型社会建设试点工作指导意见的通知》,决定开展节水型社会建设试点工作。

2002 年

2002 年的《水法》明确规定:"国家厉行节约用水,大力推行节约用水措施,推广节约用水新技术、新工艺,发展节水型工业、农业和服务业,建立节水型社会"。这为节水型社会的全面建设提供了法律保障。

2004 年

2004 年 3 月,中央人口资源环境座谈会强调"中国要积极建设节水型社会"。

2004 年 11 月,水利部正式启动南水北调东中线受水区节水型社会建设试点工作。

2005 年

2005 年 4 月,国家发改委、科技部、水利部、建设部、农业农村部联合发布《中国节水技术政策大纲》。

2007 年

2007 年 1 月,国家发改委、水利部和建设部联合批复了《节水型社会建设"十一五"规划》。

2010 年

2010 年,国家级节水型社会建设试点达 100 个,全面示范带动全社会节水。

2011 年

2011 年,中央 1 号文件进一步明确要"加快建设节水型社会"。

2012 年

2012 年,水利部发布《节水型社会建设"十二五"规划》。

2012 年 1 月,国务院发布《关于实行最严格水资源管理制度的意见》,将用水效率控制红线作为最严格水资源管理制度"三条红线"之一,加强管控。

2014 年

2014 年 10 月,习近平总书记提出了"节水优先、空间均衡、系统治理、两手发力"的新时期水利工作方针,从观念、意识、措施等各方面把节水优先放在位置。

2016 年

2016 年,国务院有关部门印发《水效领跑者引领行动实施方案》《关于推行合同节水管理促进节水服务产业发展的意见》。

2016 年 10 月,国家发改委联合水利部、住房城乡建设部、农业部、工业和信息化部、科技部、教育部、国家质检总局、国家机关事务管理局等部门印发《全民节水行动计划》。

2016 年 10 月,水利部、国家发改委印发《"十三五"水资源消耗总量和强度双控行动方案》。方案提出,到 2020 年,全国年用水总量控制在 6 700 亿 m³ 以内,万元国内生产总值用水量、万元工业增加值用水量分别比 2015 年下降 23% 和 20%,农田灌溉水利用系数提高到 0.55 以上。

2017 年

2017 年 1 月,国家发改委联合水利部、住房城乡建设部发布

《节水型社会建设"十三五"规划》。

2017 年 5 月,水利部印发《关于开展县域节水型社会达标建设工作的通知》,以县域为单元开展节水型社会达标建设。

2017 年 10 月,党的十九大报告中明确提出实施国家节水行动,标志着节水成为国家意志和全民行动。国家发改委、水利部正在加紧部署相关工作。

2019 年

2019 年 4 月,国家发改委和水利部联合印发《国家节水行动方案》。

14 什么是水污染?

水污染是由有害化学物质造成水的使用价值降低或丧失,污染环境的水。污水中的酸、碱、氧化剂,以及铜、镉、汞、砷等化合物,苯、二氯乙烷、乙二醇等有机毒物,会毒死水生生物,影响饮用水源、风景区景观。污水中的有机物被微生物分解时消耗水中的氧,影响水生生物的生命,水中溶解氧耗尽后,有机物进行厌氧分解,产生硫化氢、硫醇等难闻气体,使水质进一步恶化。

废水从不同角度有不同的分类方法。根据不同来源分为生活废水和工业废水两大类;根据污染物的化学类别又可分无机废水与有机废水;也有按工业部门或产生废水的生产工艺分类的,如焦化废水、冶金废水、制药废水、食品废水等。

污水主要有:①未经处理而排放的工业废水;②未经处理而排放的生活污水;③大量使用化肥、农药、除草剂而造成的农田污水;④堆放在河边的工业废弃物和生活垃圾;⑤森林砍伐,水土流失;⑥因过度开采,产生矿山污水。

水污染会给人类带来一系列的危害,具体为:

1. 对人体健康的危害

人类是地球生态系统中最高级的消费种群,环境污染对大气环境、水环境、土壤环境及生态环境的损伤和破坏最终都将以不同途径危及人类的生存环境和人体健康。各种污染物质通过饮用水、植物和动物性食物、各种工业性食品、医药用品及各种不洁的工业品使人体产生病变或损伤。人喝了被污染的水体或吃了被水体污染的食物,就会对健康带来危害。如20世纪50年代发生在日本的水俣病事件就是工厂将含汞的废水排入水俣湾的海水中,汞进入鱼体内并产生甲基化作用形成甲基汞,使污染物毒性增加并在鱼体中积累形成很高的毒物含量,人类食用这种污染鱼类会引起甲基汞中毒而致病。

人类每年向水体排放的工业废水中含有上万吨的汞,大部分最终进入海洋,对人类健康产生潜在的长期危害相当严重,因此汞被视为危害最大的毒性重金属污染物。饮用水中氟含量过高,会引起牙齿珐斑及色素沉淀,严重时会引起牙齿脱落。相反含氟量过低时,会发生龋齿病等。人畜粪便等生物性污染物管理不当也会污染水体,严重时会引起细菌性肠道传染病,如伤寒、霍乱、痢疾等,也会引起某些寄生虫病。水体中还含有一些可致癌的物质,农民常常施用一些除草剂或杀虫剂,如苯胺、苯并芘和其他多环芳烃等,它们都可进入水体,这些污染物可以在悬浮物、底泥和水生生物体内积累,若长期饮用这样的水,就可能诱发癌症。

2. 对工业生产的影响

水质受到污染会影响工业产品的产量和质量,造成严重的经济损失。此外,水质污染还会使工业用水的处理费用增加,并可能对设备厂房、下水道等产生腐蚀,也影响到正常的工业生产。

3. 对农业、渔业生产的影响

使用污染水来灌溉农田会破坏土壤,影响农作物的生长,造成减产,严重时则颗粒无收。近些年来,由于水体污染使农民告状的案件有急剧增多的趋势,问题的严重性在于一旦土壤被污染后,在相当长时间内难以恢复,造成土地资源的浪费。此外,当水体受到污染后,会直接危及水生生物的生长和繁殖,造成渔业减产。如黄河的兰州段原有18个鱼种,其中8个鱼种现已绝迹。

由于水体污染也会使鱼的质量下降,据统计每年由于鱼的质量问题造成的经济损失多达 300 亿元。

15　为什么保护环境也能节水?

环境保护是一个涉及面相当广的话题,一般来说包括水、气、固体废物、噪声等。除噪声污染与水的关系不大以外,大气污染、固体废物(如垃圾)、土壤污染等均与水的关系很密切。

首先,固体废弃物的乱堆乱排,如工业的废渣、采矿的废石、废弃的塑料,以及生活垃圾,如果不及时加以利用,长期堆放,越积越多,就会污染土地、污染土壤。这些固体废物长时间的堆放,随着降雨其中的有害成分很容易通过雨水冲入沟渠、溪流和下水管道,最终汇入地面水体,污染水环境。垃圾堆放过程中还会产生大量的酸性和碱性有机污染物,同时将垃圾中的重金属溶解出来,垃圾污染源产生的渗出液经土壤渗透会慢慢进入地下水体,从而污染地下水。

其次,工厂和生活中排出的废烟、废气,交通工具(所有的燃油车辆、轮船、飞机等)排出的废气,最终跑到天空,导致天空阴沉沉的。遇到降雨,这些大气污染微颗粒又会落到地表。污染严重时,降雨的 pH 值小于 5.6,即我们通常所说的酸雨。酸雨使土壤和河流酸化,并且经过河流汇入湖泊,导致湖泊酸化。湖泊酸化以后不仅使生长在湖中和湖边的植物死亡,而且威胁着湖内鱼、虾和贝类的生存,从而破坏湖泊中的食物链,最终可以使湖泊变成“死湖”。我们日常生活中乱扔垃圾、电池、废弃的塑料袋,以及过度使用包装物品、一次性筷子、含磷洗衣粉等,最终也会污染水体。

因此,保护环境直接或间接保护了水环境免受污染,当然间接地等于节约了水资源。

16 我国的缺水类型有哪些？

我国的缺水类型有四种:资源型缺水、水质型缺水、工程型缺水和混合型缺水。

1. 资源型缺水

资源型缺水是由于水资源短缺,城市生活、工业、生态与环境等部门的需水量超过当地水资源承受力所造成的缺水。当缺水城市所在的水资源分区出现大面积地下水超采、入海水量严重不足、河道长期断流等因缺水造成的区域性生态与水环境问题时可认为是资源型缺水。资源型缺水是我国城市缺水最主要的因素。

发生资源型供水短缺的城市主要集中在海河流域平原地区、黄河中游、山东半岛和辽河中下游、西北地区以及沿海地区的部分城市,如天津、石家庄、太原、烟台、鞍山、大连等。

2. 水质型缺水

主要由于水源受到污染使得供水水质低于工业、生活等用水标准而导致缺水的属于水质型缺水。因水质污染而缺水的城市主要是我国工业化程度高、经济发达和人口集中的大、中城市,主要分布在长江流域、淮河流域和珠江流域。如蚌埠、苏州、无锡、昆明、佛山等城市。在各分区地表水系中,辽河、海滦河、淮河、黄河流域污染极为严重,滇池、巢湖、太湖、白洋淀等湖泊的污染和富营养化也相当明显,虽然水质问题目前尚不是这些流域中一些城市缺水的主要原因,但已经或将导致流域内城市可用水源进一步减少,直接或间接地威胁城市的供水安全。

3. 工程型缺水

当地具备一定的水资源条件,由于缺少水源工程和供水工程,使得供水不能满足需水要求而造成的缺水为工程型缺水。我国城市经济发展迅速,城市化率不断提高,城市数量大幅增长,城市人口急剧膨胀,城市工业生产总值也大幅度增加,供水能力和供水量虽然增长很快,但仍大大滞后于需水量的增长,并且城市供水可靠性要求高,生活用水和工业用水一般都要求保证率在95％以上,致使一些城市出现工程型缺水。出现工程型缺水的城市比较分散,从城市规模来说,主要是中、小城市;从地理位置来说,主要是位于山区和沿海的部分城市。

4.混合型缺水

有些城市的缺水原因是多种因素造成的,由于多种因素综合作用而造成缺水的城市属于混合型缺水城市。这些城市缺水是由于资源不足、水质恶化、工程落后或管理措施不力等原因组合而成的,单一措施解决不了城市水资源短缺的问题。出现混合型缺水的城市一般都是大、中城市,包括沈阳、哈尔滨、呼和浩特、长春、郑州、重庆、成都、贵阳、兰州、西宁等省会城市和直辖市。

17 国际上对水资源紧缺指标的标准如何定义?

反映人类对水资源压力大小的指标,或衡量一个国家或地区水资源稀缺程度的指标,可以较粗略地反映一个国家或地区的水资源安全程度。目前,国际上通用的宏观衡量水资源压力的指标有2个:一是人均水资源量,二是水资源开发利用程度。

1.人均水资源量

1989年,瑞典著名水资源学者Falken mark等人根据100万m^3水资源供养的人口数量,把水资源压力分成5个等级:0～100、100～600、600～1 000、1 000～2 000、>2 000(人/百万m^3水资源)。1992年他们正式提出了用人均水资源量作为水资源压力指数以度量区域水资源稀缺程度。他们根据干旱区中等发达国家的人均需水量确定了水资源压力的临界值,当人均水资源量低于1 700 m^3/年时,出现水资源压力;当人均水资源量低于1 000 m^3/年时,出现慢性水资源短缺。

这一指标简明易用,只要是进行过水资源评价和有人口统计资料的地区,都可以获得人均水资源量数据。而且按用水主体人口来平均水资源符合公平合理的原则。但应用这一指标时应当注意一些限制条件，否则容易产生歧异。这一指标实际上是针对干旱区以工业为主的经济结构提出来的，对以灌溉农业为主的地区根本不实用。例如，新疆，尤其是南疆，是水资源很紧张的地区，但一些人却根据该地区人均水资源量超过 2 000 m^3/人而得出新疆不缺水的结论。

2. 水资源开发利用程度

水资源开发利用程度定义为年取用的淡水资源量占可获得的（可更新）淡水资源总量的百分率。Raskin 等人 1997 年提出用这一指标作为水稀缺指数或水脆弱指数。世界粮农组织、联合国教科文卫组织、联合国可持续发展委员会等很多机构都选用这一指标作为反映水资源稀缺程度的指标：当水资源开发利用程度小于 10% 时为低水资源压力；当水资源开发利用程度大于 10%、小于 20% 时为中低水资源压力；当水资源开发利用程度大于 20%、小于 40% 时为中高水资源压力；当水资源开发利用程度大于 40% 时为高水资源压力。这一指标的阈值或标准，系根据水资源开发利用率与水生态环境问题的对应关系的经验确定的。

18 什么是非常规水源？

非常规水源是指区别于传统意义上的地表水、地下水的（常规）水资源，主要有雨水、再生水（经过再生处理的污水和废水）、海水、矿井水、苦咸水等，这些水源的特点是经过处理后可以再生利用。各种非常规水源的开发利用具有各自的特点和优势，可以在一定程度上替代常规水资源，加速和改善天然水资源的循环过程，使有限的水资源发挥出更大的效用。非常规水源的开发利用方式主要有再生水利用、雨水利用、海水淡化和海水直接利用、人工增雨、矿井水利用、苦咸水利用等。

有关非常规水资源的法律依据和解释在《中华人民共和国水法》和《中国节水技术政策大纲释义》中均有反映。《中华人民共和国水法》第二十四条规定:在水资源短缺的地区,国家鼓励对雨水和微咸水的收集、开发、利用和对海水的利用、淡化。第五十二条规定:加强城市污水集中处理,鼓励使用再生水,提高污水再生利用率。

《节水型社会建设"十三五"规划》提出,"十三五"期间全国用水总量控制在 6 700 亿 m³ 以内,非常规水源利用量显著提升。推进非常规水源利用,构建多元用水格局,加大雨洪资源、海水、中水、矿井水、微咸水等非常规水源开发利用力度,实施再生水利用、雨洪资源利用、海水淡化工程,把非常规水源纳入区域水资源统一配置。到 2020 年,全国非常规水源利用量超过 100 亿 m³,占总供水量的比重由 2015 年的 1.0% 提高到 2020 年的 1.6%。

19 什么是再生水? 什么是中水回用?

随着社会的迅速发展,人口的不断膨胀,用水量急剧增加。水污染、水资源的不合理开发等原因正在引发全球性的水危机。而水又是人类赖以生存的生命之源,水资源的紧缺将会严重制约现代社会的发展。只有将单纯的水污染控制转变为全方位的水环境的可持续发展,才可使得水危机得以解决。再生水是指污水经过水处理系统处理后,达到再生水水质标准的水。再生水回用就是指将这些经过处理的污水转化为水资源再次进行利用,将其回用与可用于再生水的地方,从而取代干净的优质原水。其从一定程度上减少了污水处理的费用和污水的排放量,从而达到以污代清、节约优质水的目的。再生水资源的开发利用,不仅使得污水成为第二水源,使得水资源紧张的问题得以缓解,而且减少了废水的排放,减轻了对水环境的污染,经济效益与环境效益十分显著。由于再生水相对长距离跨流域调水和淡化海水在经济成本和环境效益上具有的优势,再生水回用已经被各国政府所重视,成为解决水资源短缺问题的优选策略之一。

中水回用是指将小区居民生活废(污)水(沐浴、盥洗、洗衣、厨房、厕所)集中处理后,达到一定的标准回用于小区的绿化浇灌、车辆冲洗、道路冲洗、家庭坐便器冲洗等,从而达到节约用水的目的。工业上可以利用中水回用技术将达到外排标准的工业污水进行再处理,使其达到软化水、纯化水、超纯水水平,可以进行工业循环再利用,达到节约资本,保护环境的目的。

20 再生水的利用类型有哪些?

在中华人民共和国国家标准《城市污水再生利用分类》(GB/T 18919—2002)中,规定了城市污水经再生处理后,可以用作工业用水、农林渔用水、城市杂用水、环境用水、补充水源用水等。

1. 用于工业用水

再生水在工业中的用途十分广泛,其主要用作:①循环冷却系统的补充水,这是用于工业再生水用量最大的用水;②直流冷却系统的用水,包括水泵、压缩机和轴承的冷却、涡轮机的冷却以及直接接触冷凝等;③工艺用水,包括溶料、蒸煮、漂洗、水力开采、水力输送等;④洗涤用水,包括冲渣、冲灰、清洗等锅炉用水,包括低压和中压锅炉的补给水;⑤产品用水,包括浆料、化工制剂、涂料等;⑥杂用水,包括厂区绿化、浇洒道路、消防用水等。

2. 用于农林牧渔用水

在水资源的利用中,农业灌溉用水占的比例最大。将城市污水处理后用于农业灌溉,一方面可以供给作物需要的水分,减少农业对新鲜水的消耗;另一方面,再生水中含有氮、磷、钾和有机物,有利于农作物的生长,达到节水、增产的目的。

3. 用于城市杂用水

再生水在城市用水中的用途十分广泛,也是再生水的重要利用途径。在城市中再生水主要可作为生活杂用水和部分市政用水,包括居民住宅楼、公用建筑等冲洗厕所、车辆洗刷、城市绿化、道路清扫、建筑施工用水和消防用水等。

4. 用于环境用水

娱乐性景观环境用水是指人体非全身性接触的景观环境用水，包括设有娱乐设施的景观河道、景观湖泊及其他娱乐性景观用水。湿地环境用水主要是用于恢复天然湿地、营造人工湿地。上述所有的水体可以由再生水组成，也可加部分再生水组成，另一部分由天然水或自来水组成。

5. 用于补充水源用水

针对世界性水资源紧缺的局面，尤其是地下水超采产生沉陷的危机和海水入侵，可以有计划地将再生水通过井孔、沟渠、池塘等水工构筑物，从地面渗入或注入地下补给地下水，增加地下水资源。再生水进行地下回灌是扩大再生用途的最有益的一种方式，其主要表现在以下几个方面。

(1)地下回灌可以减轻地下水开采与补给的不平衡，减少或防止地下水位下降，水力拦截海水及苦咸水的入渗，控制或防止地面沉降及预防地震，还可以大大加快被污染地下水的稀释和净化过程。

(2)在水资源严重紧缺的情况下，可以将地下含水层作为储水池，把再生水灌入地下含水层中，这样可扩大地下水资源的储存量。

(3)根据水文地质调查和勘探可知，地下水是按照一定方向流动的，在地下补给再生水后，利用地下流场可以实现再生水的异地取用。

(4)地下回灌是一种再生水间接回用的方法，也是一种处理污水的方法。在再生水回灌的过程中，再生水通过土壤的渗透能获得进一步的处理，最后与地下水混合成为一体。

21 什么是节水标准？

节水标准就是对节水过程(包括取水、用水、排水等)、节水管理(包括测试、考核、评价等)、节水产品(包括器具、设备、管材等)涉及节水的事务所做的统一规定,以节水科学、技术和实践经验的综合成果为基础,经有关部门协商一致,有主管机构批准,以特定形式发布,作为共同遵守的准则和依据。

对居民生活用水节水密切相关的标准主要有《节水型产品技术条件与管理通则》(GB/T 18870—2016)与《节水型生活用水器具》(CJ/T 164—2014)。

《节水型产品技术条件与管理通则》(GB/T 18870—2016)国家标准是我国第一次对提高用水效率有显著影响的五大类产品节水性能进行规范的技术标准,涉及灌溉设备、冷却塔、洗衣机、卫生间便器系统和水嘴五大类,是衡量相关产品是否达到国家规定节水水平的基础性标准。标准规定了节水型产品的定义、生产行为规则及常用节水型产品的评价指标和鉴定测试方法。适用于农业灌溉与城市园林绿化灌溉、工业及民用冷却塔、生活洗衣机、卫生间便器系统和水嘴(水龙头)等产品的生产企业。标准中涉及的五大类产品的产品标准是生产节水型产品应遵循的基本生产行为。《节水型生活用水器具》(CJ/T 164—2014)标准规定了节水型生活用水器具的术语和定义、材料、要求、试验方法、检验规则、标志、包装、运输和储存。适用于安装在建筑物内热水管路上,公称压力不大于 0.6 MPa、介质温度不大于 75 ℃条件下使用的水嘴(水龙头)、便器及便器系统、便器冲洗阀、淋浴器(包含花洒)和家用洗衣机、家用洗碗机产品的制作和检验。

22 我国地表水按照环境质量标准分为哪几类?

为贯彻执行《中华人民共和国环境保护法》和《中华人民共和国水污染防治法》,控制水污染,保护水资源,保障人体健康,维护生态平衡,国家环境保护总局制定了《地表水环境质量标准》(GB 3838—2002)。

该标准将我国地表水划为五类:

(1)Ⅰ类:主要适用于源头水,国家自然保护区。

（2）Ⅱ类：主要适用于集中式生活饮用水、地表水源地一级保护区，珍稀水生生物栖息地，鱼虾类产卵场、仔稚幼鱼的索饵场等。

（3）Ⅲ类：主要适用于集中式生活饮用水、地表水源地二级保护区，鱼虾类越冬、洄游通道，水产养殖区等渔业水域及游泳区。

（4）Ⅳ类：主要适用于一般工业用水及非人体直接接触的娱乐用水区。

（5）Ⅴ类：主要适用于农业用水区及一般景观要求水域。

23 什么是用水定额？

定额管理是水资源管理的微观控制指标，是确定水资源宏观控制指标总量控制的基础。定额涉及经济、社会的各行各业和居民生活，要在水平衡测试的基础上确定各行各业、各种单位产品和服务项目的具体用量。

用水定额是指单位时间内，单位产品、单位面积或人居生活所需的用水量，随社会、科技进步和国民经济发展而逐渐变化。用水定额是衡量用水户用水水平、挖掘节水潜力、考核节水成效的科学依据，同时对建立节水型社会，缓解水资源紧缺情况，实现以水资源的可持续利用支持国民经济可持续发展，具有十分重要的现实意义。

用水定额一般可分为工业用（取）水定额、居民生活用水定额和农业（灌溉）用水定额。

24 节水方面的产品标准分为几类，由哪些部门制定？

节水型产品的推广应用，是节水的重要技术保障，节水方面的产品标准可分为 4 类：

（1）综合通用型节水产品标准。

（2）农业节水灌溉类产品标准。

（3）城镇生活用节水类产品标准。

（4）工业用节水类产品标准。

国家标准主管部门和行业主管标准部门制定了大量的关于农业、工业和生活节水产品方面的标准。制定行业标准的有水利（SL）、城建（CJ）、环境（H）、建筑工程（JG）、建材（JC）、机械（JB）、电力（DL）、化工（HG）、轻工（QB）等。

25 什么是水效标识？

水效标识是附在水产品上的信息标签，用来标识产品的水效登记、用水量等性能指标，这些指标是依据相关产品的水效强制性国家标准检测结果确定的。凡纳入水效标识实施规则目录的用水产品，需在产品出厂前或进口前粘贴水效标识。消费者和相关执法部门可通过标识了解该产品的用水性能信息，也可通过扫描标识上的二维码，进入水效标识信息平台，获取用水产品的水效参数、水效备案号等详细信息。

水效登记自上而下分为3级，1级耗水量最小，3级耗水量最大。除了标明生产者名称、产品规格型号和二维码，还需注明产品的平均用水量、全冲用水量及半冲用水量。如图1所示为中国水效标识。

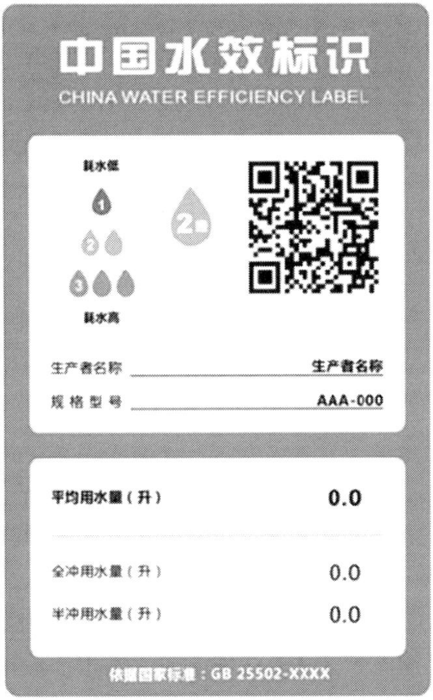
中国水效标识
CHINA WATER EFFICIENCY LABEL
耗水低
耗水高
生产者名称
生产者名称
规格型号
AAA-000
平均用水量（升）
0.0
全冲用水量（升）
0.0
半冲用水量（升）
0.0
依据国家标准：GB 25502-XXXX

图 1　中国水效标识

第二部分　城市节水

26　什么是城市节水？

随着城市化进程的加快和经济的快速发展,城市水资源供需矛盾日益尖锐。城市节水是指通过对用水和节水的科学预测及规划,强化用水管理,合理开发、配置、利用水资源,有效地解决城市用水量的不断增长与水资源短缺的供需矛盾,实现城市水的健康社会循环。针对城市水资源现状与存在的问题,建立节水型城市,促进城市水资源的可持续利用,进而保障城市经济社会的可持续发展就更为重要。节水型城市建设中必须对目前节水建设中存在的问题有足够的认识,同时制定出合理、实用、有效的措施,只有这样才能在节水型城市建设中取得良好的成效。

27　城市绿地节水方法选择的原则有哪些？

城市绿地节水就是采用一定的措施,减少无效的水分损耗(主要为裸地的蒸发和过量灌水后水分的损失),充分利用雨水、减少灌溉用水,最终实现人类、资源、环境、社会和经济的和谐发展。因此,在选择绿地节水方法的时候,应该考虑以下四个原则:

1. 节约用水原则

即采用节水方法后,能够实实在在地节约用水,减少水分损失。

2. 环境美化原则

即采用节水技术后,绿地的质量应该满足最低的设计要求,不能节约了用水,却毁坏了绿地,降低了人们生活的质量。

3. 绿化环境的可持续发展原则

即采用提出的节水技术后,能够持续地实现水资源、绿地环境和居民生活的和谐发展,而不能只是在一定的时间内实现。

4. 经济和技术可行性原则

节水技术应该在当前的条件下能够实现,不存在技术和经济方面的制约。

28 城市水系统由哪些部分组成？

水是城市发展的基础性自然资源和战略性经济资源,而水环境则是城市发展所依托的生态基础之一。水在城市系统中具有五大主要功能:水是城市生存和发展的必需品和最大消费品,是污染物传输和转化的基本载体,是维持城市区域生态平衡的物质基础,是城市景观和文化的组成部分,是城市安全的风险来源。城市中与水相关的各个组成部分所构成的水物质流、水设施和水活动构成了"城市水系统",包括水源系统、给水系统、用水系统、排水系统、回用系统和雨水系统。城市水系统规划和设计的合理与否将直接影响和制约城市的发展。

29 什么叫节水型城市？

节水型城市指一个城市通过对用水和节水的科学预测和规划,调整用水结构、加强用水管理合理配置、开发利用水资源,形成科学的用水体系,使其社会、经济活动所需用的水量控制在本地区自然界提供的或者当代科学技术水平能达到或可得到的水资源的量的范围内,并使水资源得到有效的保护。

30 节水型城市考核标准中的基本条件是什么？

为全面贯彻党的十九大精神,落实国家节水行动要求,按照《国务院关于印发水污染防治行动计划的通知》(国发〔2015〕17号)、《全国城市市政基础设施建设"十三五"规划》确定的目标任务,加强对城市节水工作的指导,规范国家节水型城市申报与考核管理,2018年住房城乡建设部、国家发展改革委组织修订了《国家节水型城市申报与考核办法》和《国家节水型城市考核标准》。其中提出了申报国家节水型城市需具备以下五项基本条件:

(1)法规制度健全。具有本级人大或政府颁发的有关城市节水管理方面的法规、规范性文件,具有健全的城市节水管理制度和长效机制,有污水排入排水管网许可制度实施办法。

(2)城市节水机构依法履责。城市节水管理机构职责明确,能够依法履行对供水、用水单位进行全面的节水监督检查、指导管理,以及组织城市节水技术与产品推广等职责。

(3)建立城市节水统计制度。实行规范的城市节水统计制度,按照国家节水统计的要求,建立科学合理的城市节水统计指标体系,定期上报本市节水统计报表。

(4)建立节水财政投入制度。有稳定的年度政府节水财政投入,能够确保节水基础管理、节水技术推广、节水设施建设与改造、节水型器具普及、节水宣传教育等活动的开展。

(5)全面开展创建活动。成立创建工作领导小组,制定和实施创建工作计划;全面开展节水型企业、单位及居民小区等创建活动;通过省级节水型城市评估考核满一年(含)以上;广泛开展节水宣传日(周)及日常城市节水宣传活动。

31 国家节水型城市有哪些?

1.第一批"节水型城市"(2002年公布,10个)

北京市、上海市、辽宁省大连市、山东省青岛市、山东省济南市、江苏省徐州市、浙江省杭州市、河北省唐山市、山西省太原市、河南省郑州市

2.第二批"节水型城市"(2005年2月公布,8个)

天津市、安徽省合肥市、海南省海口市、四川省成都市、江苏省扬州市、浙江省绍兴市、山东省烟台市、山东省威海市

3.第三批"节水型城市"(2007年3月公布,11个)

浙江省宁波市、江苏省昆山市、江苏省张家港市、山东省日照市、山东省东营市、山东省潍坊市、山东省蓬莱市、山东省海阳市、广西壮族自治区桂林市、宁夏回族自治区银川市、河北省廊坊市

4.第四批"节水型城市"(2009年3月公布,11个)

福建省厦门市、辽宁省沈阳市、江苏省南京市、湖北省武汉市、江

苏省无锡市、安徽省黄山市、四川省绵阳市、陕西省宝鸡市、江苏省吴江市(现吴江区)、山东省胶南市(现黄岛区)、山东省寿光市

5. 第五批"节水型城市"(2010年3月公布,17个)

江苏省苏州市、江苏省镇江市、江苏省江阴市、江苏省常熟市、江苏省太仓市、浙江省嘉兴市、浙江省舟山市、山东省泰安市、山东省龙口市、山东省文登市(现文登区)、河南省济源市、湖北省黄石市、湖南省常德市、广东省深圳市、贵州省贵阳市、云南省昆明市、新疆维吾尔自治区乌鲁木齐市(各省、自治区按行政区划代码排序)

6. 第六批"节水型城市"(2013年4月公布,7个)

国家节水型城市:

安徽省池州市、河南省许昌市、广西壮族自治区南宁市、北海市、江苏省宜兴市、云南省安宁市

国家节水型县城(试点):

浙江省长兴县

7. 第七批"节水型城市"(2015年2月公布,8个)

江苏省:常州市、金坛市(现金坛区)、连云港市、宿迁市

浙江省:诸暨市

山东省:青州市、肥城市

云南省:丽江市

8. 第八批"节水型城市"(2017年3月公布,10个)

江苏省南通市、江苏省如皋市、江苏省淮安市、浙江省金华市、安徽省六安市、山东省新泰市、山东省乳山市、湖南省郴州市、广东省珠海市、云南省玉溪市

9. 第九批"节水型城市"(2018年公布,18个)

河北省石家庄市、河北省沧州市、江苏省溧阳市、江苏省东台市、浙江省湖州市、浙江省衢州市、安徽省蚌埠市、安徽省宿州市、安徽省宣城市、福建省泉州市、山东省淄博市、山东省安丘市、山东省滨州市、湖北省宜昌市、广西壮族自治区北流市、四川省遂宁市、贵州省凯里市、新疆维吾尔自治区克拉玛依市

32　什么是城市雨水收集利用?

城市雨水收集利用是指针对因建筑屋顶、路面硬化导致区域内径流量增加而采取的对雨水进行就地收集、入渗、储存、处理、利用等措施。主要包括收集、储存和净化后的直接利用;利用各种人工或自然水体、池塘、湿地或低洼地对雨水径流实施调蓄、净化和利用,改善城市水环境和生态环境;通过各种人工或自然渗透设施使雨水渗入地下,补充地下水资源。我国是一个水资源严重短缺的国家,人均水资源量仅为世界人均占有量的1/4,而且我国水资源分布存在显著时空不均。因此,近年我国为缓解北方严重缺水的局面正着手进行南水北调工程,该项目工程量大、工期长。作为缺水地区不能坐等外源调水,应充分开发和回收利用当地一切可能的水资源,其中城市雨水就是长期忽视的一种水资源。通过雨水的合理收集与利用,补充地下水源,削减城市洪峰流量,有效控制地面水体的污染,对改善城市的生态环境、缓解水资源紧张的局面有重要的现实意义。

当前雨水收集利用在美、欧、日等发达国家和地区已是非常重视的产业,已经形成了完善的体系。这些国家制定了一系列有关雨水利用的法律法规;建立了完善的屋顶蓄水和由入渗池、井、草地、透水地面组成的地表回灌系统;收集的雨水主要用于洗车、浇庭院、洗衣服、种植和回灌地下水。我国城市雨水收集利用起步较晚,目前主要在缺水地区有一些小型、局部的非标准性应用。比较典型的有山东的长岛县、大连的獐子岛和浙江省舟山市葫芦岛等雨水集流利用工程。大城市的雨水收集利用基本处于探索与研究阶段,但已显示出良好的发展势头。北京、上海、大连、哈尔滨、西安等许多城市相继开展研究。目前,我国对城市雨水的利用率仍然很低,与发达国家相比,可开发利用的潜力很大。在水资源紧张、水污染加重、城市生态环境恶化的情况下,城市雨水作为补充水源加以开发利用,势在必行。

33 国外是如何收集雨水并利用的？

由于雨水资源比较容易获取，国外比较普遍地使用集雨方式以增加水源。收集的雨水大都补充杂水，用于冲洗厕所、浇灌菜园和洗车。

新加坡地处赤道，降雨量充沛。但由于土地面积有限，全国没有大江大河和大型湖泊，依靠自然地理条件无法储存大量雨水。因此，在全国修建了很多个蓄水池，把河流小溪的雨水导入蓄水池中集中存储起来，然后通过专用管道输入自来水厂进行处理。各个蓄水池之间有管道联通，过剩的蓄水会被自动引入水量不足的池中，确保各水池的蓄水空间都得到充分利用。

以色列在北部丘陵地区修建了很多位于农田之间的小型蓄水池，在一些供水困难的山区坡地还安置了一些大型水箱，以直接蓄集雨水利用。

日本降雨量丰富，利用雨水资源也很普遍。一些大城市如东京、大阪、名古屋和福冈等地的体育馆等大型建筑物也都设置了雨水利用装置。

澳大利亚对雨水的最简单利用方式是将屋顶的雨水收集起来加以利用，大多以单户家庭为主，并向社区型雨水收集回用系统转变。收集的雨水大都补充杂用水，用于冲洗厕所、景观用水和洗车。

德国联邦和各州有关法律规定，新建或改建开发区必须考虑雨水利用系统。因此，开发商在进行开发区规划、建设或改造时，均将雨水利用作为重要内容进行考虑。德国波茨坦广场即是雨水利用的典范。城市街道建设明沟，花费不大，既冲洗了街道，又收集了雨水，一举多得。德国雨水用途很广泛，除用于建造水景观和改善环境外，雨水还被广泛用于冲刷厕所、洗涤衣服、浇灌花园草地、部分工业用水、空调冷却用水、清洁道路等。

34 城市雨水利用的类型有哪些?

雨水利用是一种综合考虑雨水径流污染控制、城市防洪以及生态环境的改善等要求,建立包括屋面雨水集蓄系统、雨水截污与渗透系统、生态小区雨水利用系统等,将雨水用作喷洒路面、灌溉绿地、蓄水冲厕等城市杂用水的技术手段。由于全球范围的水资源紧缺和暴雨洪水灾害频繁,世界五大洲约 40 多个国家和地区在城市开展了不同规模的雨洪利用研究。城市雨水利用常有以下几种类型:

1.直接利用

根据雨水汇集区的不同,可将雨水直接利用系统分成屋面雨水利用、路面雨水利用和绿地雨水利用等方式。

屋面雨水利用是指将建筑物(构筑物)的屋顶(天台)作为集雨面的雨水收集利用系统。屋面雨水水质受大气质量、屋面材料、降雨量、降雨间隔等因素的影响。屋面雨水的污染程度与屋面材料有直接关系,沥青油毡是一种主要污染源。因此,在屋面雨水利用规划设计中必须考虑屋面材料的影响,通过采用铝塑板等新型屋面防水材料,可有效地减少雨水中的杂质。

路面雨水利用是指将道路、广场作为集雨面的雨水收集利用系统。路面雨水水质受交通量、路面卫生、路面材料、降雨量和降雨间隔等因素的影响。道路和屋顶的污染程度不同,雨水径流水质也有所差异,通常路面雨水水质比屋面雨水要差。由于机动车道的交通量较大,路面污染较重,机动车道的雨水水质相对较差。因此,在路面雨水规划设计中应优先考虑收集自行车道、人行道和小区道路的雨水。

绿地雨水利用是指将绿地作为集雨面的雨水收集利用系统。绿地对于雨水径流中的污染物有一定的截流和净化作用,收集到的雨水径流水质相对较好。同时,由于绿地的渗透和截流作用会导致绿地雨水径流量明显减小,也许不能保证收集到足够的雨水量。在绿地雨水规划设计中应充分考虑绿地的渗透和截流作用，科学合理地确定雨水利用规模。

2.间接利用

间接雨水利用可分为下凹绿地、屋顶花园、渗透管沟(井)和透水路面等方式。

下凹绿地是指低于周围地面适当深度，能够接受周边地面雨水径流的绿地。绿地表层土壤中根系发达、相对疏松，其降雨入渗能力较无草皮的裸地大，具有便于雨水引入、透水性好和投资少的特点，而且植物根系还能对雨水径流中的悬浮物、杂质等起到一定的过滤、净化作用。通过将普通绿地设计或改造成下凹绿地，适当降低绿地高程，合理处理路面高程、绿地高程和雨水口的关系，不仅可以减少绿化用水，而且增加了雨水渗透量、强化了地下水补给。

屋顶花园是指各种建筑物、构筑物的屋顶(天台)上进行绿化、种植花草的统称，一般由防护层、排水层、过滤层、种植层和植被组成。种植层和植被的选择是屋顶花园的关键，种植层土壤必须有一定渗透性并能满足植被生长的需要，植被必须适应当地的气候条件并与种植层土壤性质相匹配。通过植被截留和种植层吸纳雨水，屋顶花园雨水径流量较绿化前大幅降低，仅在遇到暴雨时形成雨水径流。屋顶花园是美化城市、减少面源污染和削减城市雨水径流的重要途径之一。

渗透管沟(井)是指在雨水排放系统中，将传统雨水管改为渗透管(穿孔管)或设置渗水井。汇集的雨水通过渗透管沟(井)进入四周的碎石层，再进一步向四周土壤渗透，多余雨水溢透进入市政排水管道。渗透管沟和渗水井可单独使用，也可同时使用。渗透管沟(井)渗透量大、占地面积小、投资较少，但是对水质有要求，不能含有过多的悬浮物，通常需进行预处理。渗透管沟(井)适用于一些地下水位不高、雨水水质较好的地区。

透水路面是指以透水混凝土、透水沥青、透水砖、草皮砖等透水性建材替代普通混凝土、沥青、釉面砖等传统建材铺装硬化路面、广场、停车场等。透水路面能很快将雨水渗透至路基下，甚至到达地下含水层，不会产生路面积水。这种路面可广泛应用于人行道、小区道路、公园、广场和停车场等轻型路面。

3.综合利用

雨水的综合利用包括直接利用和间接利用两方面，同时还兼顾其他方面的作用，如减少污染、改善景观和生态环境等。利用省市河湖和各种人工与天然水体、沼泽、湿地调蓄、净化和利用了城市径流雨水，减少了水涝，改善了城市循环系统和生态环境。

35 什么是海绵城市？

海绵城市，是新一代城市雨洪管理概念，是指城市在适应环境变化和应对雨水带来的自然灾害等方面具有良好的"弹性"，也可称之为"水弹性城市"。国际通用术语为"低影响开发雨水系统构建"。

2017年3月5日，中华人民共和国第十二届全国人民代表大会第五次会议上，李克强总理政府工作报告中提到：统筹城市地上地下建设，再开工建设城市地下综合管廊2 000 km以上，启动消除城区重点易涝区段三年行动，推进海绵城市建设，使城市既有"面子"、更有"里子"。作为城市发展理念和建设方式转型的重要标志，我国海绵城市建设确定的目标核心是通过海绵城市建设，使70%的降雨就地消纳和利用。围绕这一目标确定的时间表是到2020年，20%的城市建成区达到这个要求。

海绵城市建设应遵循生态优先等原则，将自然途径与人工措施相结合，在确保城市排水防涝安全的前提下，最大限度地实现雨水在城市区域的积存、渗透和净化，促进雨水资源的利用和生态环境保护。建设"海绵城市"并不是推倒重来，取代传统的排水系统，而是对传统排水系统的一种"减负"和补充，最大程度地发挥城市本身的作用。在海绵城市建设过程中，应统筹自然降水、

地表水和地下水的系统性,协调给水、排水等水循环利用各环节,并考虑其复杂性和长期性。

36 发达国家如何培养市民节水意识?

水资源短缺是当今世界面临的重大课题。国际上,一些发达国家的节水文化建设经验值得借鉴。

(1)德国人人拧紧水龙头。

德国家庭重视对雨水的利用,通过房顶收集雨水,经过管道和过滤装置把水抽到卫生间或花园里使用。一些家庭打扫卫生时,一桶水通常先用来擦洗家具,再用来拖地板、冲马桶等。

(2)澳大利亚严格立法,"惜水如金"。

大部分城区限制使用洗碗机,不允许用自来水冲洗汽车、门窗玻璃以及庭院过道灯、水泥地面。对违规者,第一次口头警告,第二次书面警告,第三次实行罚款。

(3)日本国际儿童节也是节水日。

每年的六一国际儿童节,在日本还是"节水日"。这一天,政府官员们会来到大街宣传节水的重要性。

横滨市每年都要定期印发宣传手册,还制作《横滨之水》《水与生活》等宣传电影。

(4)美国节水教育"从娃娃抓起"。

学校是节水教育的重点对象,如休斯敦市政府节水办公室专门举办了"老师如何搞好节水教育"的培训。此外,对于在校学生,节水办还开设专题教育活动。

37 什么是城市供水管网漏损率?

管网漏损率是指管网漏水量与供水总量之比,通常用百分比表示。这是衡量一个供水系统供水效率的指标。《城镇供水管网漏损控制及评定标准》(CJJ 92—2016)提出漏损率按下式计算:

$$R_{WL} = (Q_S - Q_a) / Q_S \times 100\%$$

式中　R_{WL}——漏损率(%);

　　　Q_S——供水总量,万 m^3;

　　　Q_a——注册用户用水量,万 m^3。

我国水资源相对缺乏,每年因城市供水系统的漏损率所流失的水资源逐年递增,造成了极大的浪费。2015 年 4 月,国务院以(国发[2015]17 号)文印发《水污染防治行动计划》("水十条")。"水十条"要求到 2017 年,全国公共供水管网漏损率控制在 12%以内;到 2020 年,控制在 10%以内。

38　城市不同用途的水的水质要求是什么?

生活饮用水是指人类饮用和日常生活用水,包括个人卫生用水,但不包括水生物用水(如养鱼)以及特殊用途的水。生活饮用水水质应符合下列基本要求:"水中不得含有病原微生物;水中所含化学物质及放射性物质不得危害人体健康;水的感官性状良好"。

生活杂用水一般是指城市污水再生后回用作厕所便器冲洗、道路保洁、洗车等的水,具体要求如下:

(1)冲厕用水:对人体无影响,不影响环境卫生,无臭气;

(2)园林绿化:对土壤、植物无有害影响,对人体无影响;

(3)道路保洁:需特别注意对人体皮肤和呼吸系统造成的影响,清洁道路时不会带来额外污染物;

(4)洗车用水:特别是含盐量不能超标,需注意不能对洗车工人的健康造成影响;

(5)景观用水:颜色无异常变化,无明显异臭,不含有漂浮的浮膜、油斑和其他聚集物质,尤其特别注意不能对水体产生富营养化影响,主要控制氮磷指标。

污水处理后出水作为冷却水回用时,一般有如下水质要求:"在热交换过程中,不产生结垢;对冷却系统不产生腐蚀作用;不产生过多的泡沫;不存在有助于微生物生长的过量营养物质"。

灌溉回用水水质要求主要包括以下几个方面:不传染疾病,不破坏土壤的结构和性能,不使土壤盐碱化;土壤中重金属和有害物质的积累不超过有害水平;不影响农作物的产量和质量;不污染地下水。

39 什么是绿色建筑与节水型建筑?

绿色建筑是指在建筑的全寿命周期内,最大限度地节约资源,包括节能、节地、节水、节材等,保护环境和减少污染,为人们提供健康、舒适和高效的使用空间,与自然和谐共生的建筑物。绿色建筑技术注重低耗、高效、经济、环保、集成与优化,是人与自然、现在与未来之间的利益共享,是可持续发展的建设手段。

节水型建筑是指在建筑的全寿命周期内,最大限度地节约水资源、保护环境和减少污染,实现高效、安全、合理用水,与自然和谐共生的建筑。对于节水型建筑的理解不能拘泥于形式和概念,需要从以下几个角度来全面理解其内涵。

(1)节水型建筑是指所有建筑的发展方向及规划和建设的目标之一。

(2)节水型建筑是一个相对的概念,或说是一个动态的目标。一栋建筑是节水型建筑,是相对本城市或本区域其他建筑或相对于过去而言的。因此,一栋建筑是否能够达到节水型建筑的标准,与其他建筑及其自身发展的历史有关。

(3)一座城市的建筑是否为节水型建筑,要看城市发展的经济指标,还要看用水量能否满足居民不同层次对居住和生活环境的基本要求,并且不影响正常生活。

总之,节水型建筑能够节约水资源,降低水环境负荷,是可持续发展的建筑。

40 建筑节水的措施有哪些？

建筑节水是一个系统工程,是在满足用水要求的前提下,采取先进措施,提高水的有效利用率,因此有效利用水资源,达到建筑节水的目的,应从下面几个方面入手:

1.大力推广使用节水型用水器具

在建筑物中,配水装置和卫生设备是建筑给排水系统的重要组成部分,也是水的最终使用单元,它们节水性能的好坏,直接影响着建筑节水工作的成效。因而,大力推广使用节水型用水器具是实现建筑节水的重要手段和途径。节水型用水器具主要包括以下几种:

1)节水型便器冲洗设备

在家庭生活用水量中,便器冲洗水量占全天用水量的30%～40%,因此研制推广节水型便器冲洗设备对建筑节水来说意义重大。在保证排水系统正常工作的情况下,可以使用小容量器具代替大容量器具,起到节约冲水量的目的。

2)节水型水龙头

水龙头遍及住宅、公共建筑、工厂车间等,是使用最频繁的配水装置,也是最常见的浪费水的部件。传统的水龙头在水压较高时,流量大、水花飞溅,水的有效利用率低,而且橡胶垫易磨损,使用稍久,常会漏水。而陶瓷阀芯节水龙头采用陶瓷片作为密封材料,具有硬度高、密闭性好等特点,无效用水时间短,有明显的节水作用。另外,自闭式水龙头、感应式水龙头等均可起到节水的作用。

3)节水型淋浴设施

公共浴室淋浴采用双管供应,因不易调节,增加了无用耗水量,而采用单管恒温供水,一般可节水10%～15%;若采用踏板阀,做到人离水停,一般可节水15%～20%。在学校公共浴室采用浴室淋浴智能IC卡控制系统可节水30%以上。

2.完善城市管网供应系统

1）加强管网维护，减少跑冒滴漏

在建筑给水管网系统中，跑、冒、滴、漏现象较为普遍，造成了水资源的严重浪费。造成这种现象的原因，一方面是与管材、施工的质量有关系，这就需要在施工过程中，加强管理，严把质量关；另一方面是由于管道使用年限长，受酸、碱的腐蚀和其他机械损伤而导致漏水。因此，提高管材、附件和施工质量，在日常使用中，加强管网的检查与维护，严格控制跑、冒、滴、漏，也是节约建筑用水的一种途径。

2）减少系统超压出流造成的隐性水量浪费

当给水配件阀前压力大于流出水头时，给水配件在单位时间内的出水量超过额定流量的现象，称为超压出流现象。给水配件超压出流，不但会破坏给水系统中水量的正常分配，而且超出额定流量的那部分流量未产生正常的使用效益，是浪费的流量。这种流量不易引起人们的注意，因此把它称作"隐形"水量浪费。所以，在设计中合理限定配水点的水压是解决这个问题的关键所在。在给水系统中合理分区与配减压装置是将水压控制在限值要求内、减少超压出流的技术保障。合理的分区主要是根据建筑物的用水点、高度等诸多因素和实际情况所决定的，而对于设置减压装置主要是在合理分区后通过计算水压来设置的。常用的做法主要有设置减压阀、设置减压孔板或节流塞减压孔用成板、采用节水水龙头。

3）完善热水供应循环系统

随着人们生活水平的提高，小区集中热水供应系统的应用也得到了充分的发展。大多数集中热水供应系统存在严重的浪费现象，主要体现在开启热水装置后，不能及时获得满足使用温度的热水，而是要放掉部分冷水之后才能正常使用，这部分冷水未产生应有的使用效益，因此称之为无效冷水。新建建筑集中热水供应系统在选择循环方式时需综合考虑节水效果与工程成本，尽可能减小乃至消除无效冷水的浪费。

3.推广使用优质给水管材、水表

采用优质给水管材。由于镀锌钢管易受腐蚀,造成水质污染,一些发达国家和地区已明确规定普通镀锌钢管不再用于生活给水管网。在建筑给水中,目前有铜管、不锈钢管、聚氯乙烯管、聚丁烯管、铝塑复合管等新型管材可以取代镀锌钢管。塑料管与镀锌钢管相比,在经济上具有一定优势。钢管和不锈钢管虽然造价较高,但使用年限长,还可用于热水系统。应根据建筑和给水性质,选择合适的优质给水管材。

采用优质水表。水表是法定的计量仪表,其计量值是供水部门向用户收费的凭据,若水表质量低劣,计量不准,不但直接影响供水部门或用户的经济利益,还会使水资源严重透支,利用经济杠杆调整水价和采取用户计划用水,节约获奖、浪费受罚等节水措施因缺乏正确的依据,而不能顺利实施。此外,水表还是进行合理用水分析和水量平衡测试必不可少的仪表。

4.积极采取废水利用措施

1)建立中水回用系统

中水来源于建筑生活排水,包括人们日常生活中排除的生活污水和生活废水。建筑中水工程是节约用水的好措施,既保护了环境,又极大地提高了水资源的利用效率。从长远看,在水资源缺乏的情况下,中水利用势在必行。它是实现污水资源化、节约水源的有力措施,是今后节约用水发展的必然方向。

2)建立雨水回用系统

雨水回用系统是作为节约用水,倡导绿色建筑的重要措施。

5.增强节水意识,落实节水措施

随着人类对自然干预行为的增加,自然水体遭到日益严重的污染,可供直接取用的优质水源日益短缺,缺水已是各国面临的一个现实的世界性危机。水资源是我国十分短缺的自然资源之一,必须倍加重视。对水资源的认识要实现"三个转变"即由过去一般性资源认识向战略性资源认识的转变,由过去粗放型经营方式向集约型经营方式的转变,由过去主要依靠增量解决资源短缺向更加重视节约和替代转变。核心是提高用水效率,减少无用水耗。无用耗水量是对水资源的巨大浪费,会给十分紧张的城市供水带来更大困难。

第三部分　生活节水

41 什么是阶梯水价?

阶梯水价是对使用自来水实行分类计量收费和超定额累进加价制的俗称。阶梯水价充分发挥市场、价格因素在水资源配置、水需求调节等方面的作用,拓展了水价上调的空间,增强了企业和居民的节水意识,避免了水资源的浪费。阶梯式计量水价将水价分为两段或者多段,每一分段都有一个保持不变的单位水价,但是单位水价会随着耗水量分段而增加。阶梯水价的基本特点是用水越多,水价越贵。为引导居民节约用水,促进水资源可持续利用,2014 年 1 月,国家发展改革委、住房城乡建设部印发《关于加快建立完善城镇居民用水阶梯价格制度的指导意见》,部署全面实行城镇居民阶梯水价制度。指导意见提出,建立完善居民阶梯水价制度,要以保障居民基本生活用水需求为前提,以改革居民用水计价方式为抓手,通过健全制度、落实责任、加大投入、完善保障等措施,充分发挥阶梯价格机制的调节作用,促进节约用水,提高水资源利用效率。

42 总表与分表计量的水量为什么有时不统一?

总表与分表计量的水量有时不统一,究其原因主要有以下几种:

(1)各分表水龙头未完全关闭,分表不能计量,总表在进行水量计量。

(2)总表后管道漏水,总表与分表的计量就会出现较大误差。

(3)住户水表超过 6 年更换维修周期。有的用户购置、安装劣质水表,无法准确计量,造成总表与各分表计量不符。

解决办法主要有以下几种:

(1)修换质量差的水龙头或闸阀。

(2)及时维修管道和水箱。

(3)对水表进行维修或更换。

43 一般用户生活用水量是多少？

用户生活用水量的高低与用户所在的地理区域、卫生器具完善程度及生活习惯有关，一般南方用水量比北方用水量高，卫生器具越完善，用水量越高。以配有大便器、洗涤盆、洗脸盆、洗衣机、热水器和淋浴设备的普通住宅为例，每人每天的最高日用水定额在130~300 L，包括正常漏水量、生活用热水和饮水量。若每户按3口人计算，则月用水量为11~17 m³（最大值），随着地区、气温和生活习惯、职业、水费收费办法（即是否分表到户）而增减。自来水分表到户的用户节水意识强，因此用水量没有随着生活水平提高而增加。

44 生活节水措施有哪些？

生活节水措施主要有以下几个方面：

（1）加强节水宣传工作。

通过宣传教育，增强人们的节水观念，改变其不良用水习惯。宣传方式可采用报刊广播、电视等新闻媒体及节水宣传资料、张贴节水宣传画、举办节水知识竞赛等，另外还可在全国范围内树立节水先进典型，评选节水先进城市和节水先进单位等。节水宣传是项长期的工作，虽不能"立竿见影"，但一定要常抓不懈。

（2）开发和推广应用节水技术。

①加快城市供水管网技术改造，降低输配水管网损失率。

城市供水管网因年久失修，常有漏水现象，要加强城市管网的输、净、配等供配水工程的维修改造，减少跑、冒、漏造成的损失，以降低损失率。自来水管道采用高技术、新材料，可防爆裂。

②全面推行节水型用水器具，提高生活用水效率。

节水器具和设备在城市生活用水的节水方面起着重要作用。采用成功的节水器如陶瓷芯片水龙头，它以高强度、高平滑，使封水垫使用寿命达到30万次，水龙头跑、冒、滴、漏的问题从根本上得到解决;PP-R 交联聚乙烯管是一种新型优质耐用管材,适用于建筑物室内上水管道。普通厕所用水量是 19 L/次,低用水量厕所为 13 L/次,节水 32%;冲洗式厕所用水量为 4 L/次,节水 79%;空气压水掺气式厕所用水量为 2 L/次,节水 89%。还有一种不用洗衣粉的离子洗衣机问世,省去了漂洗程序,省水 37%。

③处理污水和中水回用。

在缺水城市住宅小区设立雨水收集、处理后重复利用的中水系统,利用屋面、路面汇集雨水至蓄水池,经净化消毒后用泵提升用于绿化浇灌、水景、水系补水、洗车等,剩余的水可再收集于池中进行再循环。在符合条件的小区实行中水回用可实现污水资源化,达到保护环境、防治水污染、缓解水资源不足的目的。目前,城市污水二级处理形成 40 亿 m³ 水源的投资大约在 100 亿元,形成同样规模的长距离引水需 600 亿元左右,海水淡化则需 1 000 亿元左右。虽然中水回用在规模上不如城市污水处理经济,但其投资也不会超过长距离引水,具有明显的优势。如果中水回用率为 10%,相当于节约了大约 10%的生活用水。

45　日常生活中如何节水?

日常生活中的节水要从以下几个方面做起:

(1)树立惜水意识。

长期以来,人们普遍认为水是"取之不尽,用之不竭"的,不知道爱惜,而浪费挥霍。然而我国水资源人均量并不丰富,地区分布不均匀,年内变化莫测,年际差别很大,再加上污染,使水资源更加紧缺,自来水其实来之不易。节水要从爱惜水做起,牢固地树立"节约水光荣,浪费水可耻"的信念,才能时时处处注意节水。

(2)要养成好习惯。

据分析,家庭只要注意改掉不良的习惯,就能节水 70%左右。与浪费水有关的习惯很多,比如:用抽水马桶冲掉烟头和碎细废物;先洗土豆、胡萝卜后削皮,或冲洗之后再择蔬菜;用水时的间断(开门接客人,接电话,改变电视机频道时),未关水龙头;停水期间,忘记关水龙头;洗手、洗脸、刷牙时,让水一直流着;睡觉之前、出门之前,不检查水龙头;设备漏水,不及时修好。

(3)尽量使用节水器具。

家庭节水除了注意养成良好的用水习惯,采用节水器具很重要,也最有效。有的人宁可放任自流,也不肯更换节水器具,其实,这样多交水费长期下来是不合算的。节水器具种类繁多,有节水型水箱、节水龙头、节水马桶等。

46 什么是生活饮用水水质标准?

生活饮用水是供人生活的饮用和生活用水,其水质好坏直接影响着人体健康和人民生命安全。因此,对生活饮用水的水质要求比较严格。对生活饮用水进行评价时,首先要按照规定进行取样,对常规指标及非常规指标进行检测分析,分析项目应不少于我国现行生活饮用水水质标准中所列的项目。其次要对分析结果和采用的分析方法进行全面的复查,然后再根据复查的结果按照《生活饮用水卫生标准》(GB 5749—2006)中规定的指标逐项进行对比评价。

生活饮用水水质应符合下列基本要求,保证用户饮用安全。

(1)生活饮用水中不得含有病原微生物;

(2)生活饮用水中化学物质不得危害人体健康;

(3)生活饮用水中放射性物质不得危害人体健康;

(4)生活饮用水的感官性状良好;

(5)生活饮用水应经消毒处理。

47 什么是节水产品认证?

节水产品认证是指依据相关的标准和技术要求,经节水产品认证机构确认并通过颁布节水产品认证证书和节水标志,证明某一认证产品为节水产品的活动。

目前,我国的节水产品认证采用自愿性原则。我国目前节水认证证书有效期三年,且每年定期对企业工厂检查,产品抽查检验一次,要求企业自身每年至少一次内审产品一致性等相关条款(与 CCC 体系大致相同,可作参考)。

节水产品认证的意义:

(1)节水产品认证采用国际通行的认证模式,认证程序透明规范,评价结果科学公正,有助于生产企业提高产品质量管理水平和市场竞争能力。

(2)节水产品认证有着明确的法律政策依据,通过开展节水产品认证,形成市场准入机制,能够促进优质产品的使用,对促进行业科技进步,提高行业的质量监督管理水平具有重要的现实意义,正逐渐成为政府进行节水产品质量监督和管理的有效手段。如图 2 所示为节水产品认证标志。

图 2　节水产品认证标志

48 我国生活用水器具有哪些标准?

《节水型生活用水器具》(CJ 164—2014)由中华人民共和国建设部发布,本标准规定了节水型生活用水器具的术语和定义、材料、要求、试验方法、检验规则、标志、包装、运输和储存。适用于安装在建筑物内冷热水管路上,公称压力不大于 0.6 MPa、介质温度不大于 75 ℃条件下使用的水嘴、便器及便器系统、便器冲洗阀、淋浴器(包含花洒)、家用洗衣机、家用洗碗机产品的制造和检验。

《节水型卫生洁具》(GB/T 31436—2015)国家标准 2015 年 5 月 15 日发布。该标准对节水型坐便器、蹲便器、小便器、陶瓷片密封水嘴、机械式压力冲洗阀、非接触式给水器具、延时自闭水嘴、淋浴用花洒等 8 类常用产品提出了具体技术要求。该标准为居民生活用水资源节约和减少居民生活污水排放,提供了技术依据。新标准规定,节水型坐便器用水量应不大于 5 升;高效节水型坐便器用水量不大于 4 升。节水型蹲便器大档用水量不大于 6 升,小档冲洗用水量不大于标称大档用水量的 70%;高效节水型蹲便器大档冲洗用水量不大于 5 升。

49 如何选择用水器具?

1.水龙头的选用

近年来,针对普通水龙头利用手轮启闭阀门,造成无用的用水时间过长,且质量不稳定、寿命短等不足,研制出陶瓷片阀芯水龙头。这种水龙头的特点是 90 度旋转启闭阀门,密封性好,无用用水时间短,对节水有明显的作用。

节水龙头还有红外线自动水龙头、延时自闭水龙头等。在医院、高档宾馆可推广红外线自动水龙头,达到方便、清洁卫生,防止疾病传染的目的。

2.高水箱及其配件的选用

国内市场上按照国标生产的高水箱配件,结构上可分为提水虹吸式、压水虹吸式、延时自闭式、波纹管式等。

提水虹吸式配件采用分档排水的方法。一般是用手柄拉动提水盘,拉下立即松手或拉下稍停几秒钟再松手来控制不同的排水量,冲小便每次排水 4~5 L,冲大便 7~11 L。使用这种分档排水的配件,约可节水 40%。

压水虹吸式是一种特制水箱,这种水箱零部件少,经久耐用。它不能分档排水,适用于另设小便池的单位厕所的蹲式大便器。

延时自闭式高水箱配件可配用在标准水箱上,按力大,排水时间长,排水量大;按力小,排水时间短,排水量小。其排水量可控制在 5~11 L 之间,节水量也近 40%。

3.低水箱及其配件的选用

新式低水箱配件按排水结构形式可分为 FB-翻板式、FQ-翻球式、HX-虹吸式、QY-气压式等。按进水形式可分为 FQ-浮球式、FT-浮筒式、SY-水压式、YL-压差式等。其中,水压式进水阀采用水压杠杆原理自动供水,小水量即可开启阀门,解决旧式浮球容易进水失控而溢水的弊端,采用迷宫式阻流消音结构,进水噪声低。

4.延时自闭的选用

目前,推广使用的延时自闭冲洗阀是一种较先进的节水型水阀。它能防止回流污染,而且节水量大,一般较普通水阀节水约50%以上,启动方便,容易改装,不需水箱,占用空间小。

5.红外线便池自动冲洗器的选用

红外线便池自动冲洗器为人们提供一种使用方便、清洁卫生、防止疾病污染、节约用水和节约能源的新办法。该产品节水效果十分明显,达70%以上,且能耗极低,静态小于 3 W,动态小于 10 W。

6.淋浴器的选用

淋浴器是应用于单位自建的洗浴设施。过去建立的淋浴设施多采用单手或双手轮调节给水,这样造成无效给水时间长,既浪费了水,又浪费了大量能源。为了改变这一浪费现象,最有效的方法是采用非手控给水,其中脚踏式淋浴阀是最简单有效的,与传统的淋浴阀相比,节水量可达 30%~70%。

50 哪些用水器具属于淘汰产品？

国家鼓励居民家庭使用节水型器具,尽快淘汰不符合节水标准的生活用水器具。所有新、改、扩建的公共和民用建筑中,均不得继续使用不符合节水标准的用水器具;凡达不到节水标准的,经城市人民政府批准,可不予供水。推广使用节水型生活用水器具;禁止生产、销售不符合节水标准的产品、设备;公共建筑必须采用节水器具;限期淘汰公共建筑中不符合节水标准的水嘴、便器水箱等生活用水器具;鼓励居民家庭选用节水器具等有关事项作出了规定。

《节水型生活用水器具》(CJ 164—2014)标准规定了节水型生活用水器具的定义、技术要求、检验方法、检验规则。2011年国家发改委第9号令《产业结构调整指导目录》将铸铁螺旋升降式水龙头、铸铁螺旋升降式截止阀、进水口低于溢流口水面的卫生洁具水箱配件、上导向直落式便器水箱配件、一次冲洗用水量大于9升的便器及水箱等5类产品列入淘汰产品。推广非接触自动控制式、延时自闭、停水自闭、脚踏式、陶瓷磨片密封式等节水型水龙头,推广使用两档式便器,新建住宅使用一次冲水量小于6升便器。公共建筑和公共场所推荐使用6升的两档式便器,小便器推广非接触式控制开关装置。

第四部分　工业节水

51 什么是工业用水?

工业用水是指工、矿企业各部门,在工业生产过程中或工业生产期间,制造、加工、冷却、空调、洗涤锅炉等处使用的水及厂内职工生活用水的总称。国际标准化组织(ISO/TC147)水质技术委员会对工业用水的定义是:工业用水是指工业过程中(或生产期间)所使用的水。

工业用水包括主要生产用水、辅助生产用水和附属生产用水三大部分。

主要生产用水是指直接用于工业生产的水。按用途可分为工艺用水、间接冷却水等;按水的类型分为原水、重复用水、冷却水、除盐水、软化水、蒸汽、废(污)水等。

辅助生产用水是指为主要生产装置服务的辅助生产装置所用的自用水。包括锅炉自用水、化学水处理站自用水、机修用水、空压站用水、鼓风机站用水、氧气站用水、检验化验用水、储运用水、污水处理场用水等。

附属生产用水是指在厂区内为生产服务的各种生活用水和杂用水的总称,但不包括基建用水和消防用水。企业生活区的用水不在此列。

52 我国工业用水存在的主要问题有哪些?

1.工业布局不合理

黄淮海和内陆河流域的 14 个省(自治区),火力发电、纺织、造纸、冶金、石油化工等五个高用水行业在该地区的工业中占有较高的比重。高用水行业过度集中在北方缺水地区,不仅加剧了该地区水资源的供需矛盾,还加速了当地的水环境的恶化,水污染、地下水位下降和地面沉降等问题日益严重。此外,国外一些用水量大、污染严重的行业,如造纸、饮料、纺织、印染等在其本国难以继续经营的企业,利用我国对产业限制把关不严之际,以独资或合资的形式进入我国工业生产领域,在大量耗费我国水资源的同时还带来了严重的工业污染。

2.工业结构性矛盾突出

企业规模结构、产品结构和原料结构不合理,是目前工业用水效率低的重要因素。工业生产集中度很低,绝大多数企业规模较小,规模结构不经济造成单位产品取水量高。企业生产原料结构不合理,导致单位产品取水量居高不下。高消耗、粗加工、低附加值、缺乏市场竞争力的产品比重高,降低产品可实现的价值,以致万元产值取水量高。

3.工业生产技术装备落后

少数工业企业的技术装备具有国际先进水平,但多数工业企业的技术装备还处在 20 世纪 80 年代的水平,部分企业甚至是 20 世纪 60 年代前的水平,总体上还比较落后。由于总体技术装备水平落后,同一行业的不同企业间单位产品取水量相差很大,有的相差数倍,有的则相差数十倍。这是我国工业用水效率低、企业之间单位产品取水量相差悬殊的主要原因。

4.节水技术改造投资少

多年来工业节水技术改造投资很少,工业节水投资没有稳定的投资渠道,缺乏节水投资的激励机制,企业普遍缺少节水积极性。在缺乏资金支持的情况下,多数工业企业,尤其是资产质量较差的老工业基地传统工业,很难独立完成节水技术改造。

5.工业用水价格偏低

由于长期以来对我国水资源短缺的严重性认识不足,工业用水价格和水资源费明显偏低。过低的水价和收费,使得企业缺乏自觉节水的动力和积极性,进而阻碍了工业节水技术的发展,客观上助长了工业企业多用水、大排放的行为。

6.非传统水资源利用量低

冷却水及其他低质用水占我国工业用水的70%以上,这部分用水是可以用海水、苦咸水、再生水等非传统水资源替代的。但目前我国工业海水及苦咸水利用量比日本和美国少很多,利用潜力很大。再生水(污水经净化处理后恢复其使用功能的水)在工业中的利用量也仅相当于取水量的0.4%,其潜力还远远没有挖掘出来。

7.节水管理工作薄弱

工业节水管理机构不健全。据调查了解,目前我国工业节水的管理机构很不健全,在各工业行业的主管部门中,基本上都没有设立专门机构从事本行业的工业节水管理工作,近20年来工业节水基本上只局限在城市工业中,并主要由城市节水管理办公室与工业企业单向协作,多数工业行业主管部门对本行业的工业节水没有明确要求。所以,各工业企业与城市节水管理部门之间协作的程度也不尽相同,而尚未纳入城市节水管理范围的工业企业仍为数不少,乡镇工业企业节水则处于完全失控状态。客观上助长了工业企业不合理的用水需求增长,这种状况是以牺牲资源、破坏环境和损害子孙利益为代价的。

8.重视供水而轻视污水处理

根据有关部门提供的资料,长期以来我国在供水和排水投资的结构中,供水投资一直大于排水。重供水轻排水的结果,一是在没有合理用水定额的情况下用水需求预测偏大,进而误导了政府决策部门,使得部分地区供水设施建设过分超前。在这种情况下,城市政府为了在低水价的基础上能够维持供水企业的经营,往往在客观上鼓励企业多用水;二是污水处理率极低且没有综合考虑污水回用,难以通过污水回用实现工业节水;三是对工业污水排放实行污染物浓度控制的管理制度,对使用自备水源的企业会产生极不利于节水的影响,如用新水稀释污水的现象时有发生。

53 什么叫高用水工业?

高用水工业是指用水量大的工业。据统计,高用水工业取水量占全国工业取水量的 60% 左右。因此,把高用水工业的这些行业称为高用水行业。我国高用水行业主要有火力发电业、纺织业、石油化工、造纸业、冶金业等。高用水工业应该承担节约用水的主要责任。

54 什么叫万元工业增加值用水量?

万元工业增加值用水量是指在一定的计量时间(一般为 1 年)内,城市工业用水量与城市工业增加值的比值,工业用水量按新水量计。

万元工业增加值用水量(立方米/万元)=
年城市工业用水量(新水量)(立方米)/
年城市工业增加值(万元)

工业用水量是指工矿企业在生产过程中用于制造、加工、冷却(包括火电直流冷却)、空调、净化、洗涤等方面的用水量,按新水量计,不包括企业内部的重复利用水量。

目前,我国万元工业增加值用水量为 45.6 m^3,是世界先进水平的 2 倍;2012 年国务院发布的《关于实行最严格水资源管理制度的意见》提出,到 2030 年用水效率达到或接近世界先进水平,万元工业增加值用水量降低到 40 m^3 以下。2017 年,国家发改委、水利部、住建部联合印发的《节水型社会建设"十三五"规划》;2019 年国家发改委、水利部联合印发的《国家节水行动方案》均提出,到 2020 年,节水政策法规、市场机制、标准体系趋于完善,万元工业增加值用水量较 2015 年降低 20%。

55 工业节水措施有哪些?

有效的工业节水措施应以改进生产工艺为基础,以强化节水技术为手段,以落实行政管理为保证。总结我国工业节水的经验和教训,具体节水措施有以下几个方面:

(1)调整产品结构,改进生产工艺。

对于本身耗水量较大的新建项目,应充分论证与当地水资源及可供水量的协调关系。对于已建的项目要根据可供水量调整结构。但是,单靠调整产品结构达到节约用水的目的往往是被动的,从经济效益方面考虑,这种措施有时是难以实现的,而且产品结构往往与区域性资源优势相联系,实现大幅经济转型要靠合理的政策和严格的制度来加以保证。

(2)强化节水技术,开发节水设备。

循环系统是提高水的重复利用率必备的系统,借助循环系统可将使用过的水经过适当处理后重新用于同一生产用水过程。如循环冷却水系统,大部分间接冷却水使用后除水温升高外,较少受到污染,一般不需要再用复杂的工艺净化处理,经冷却后即可重新使用。由于水的循环重复使用,可有效地减少新水量或补充水量,达到了高效的节水目的。

回用水系统是指在确定的生产系统内部,将某一生产过程使用过的水经适当处理后,用于同一用水系统内部或外部的其他生产过程,回用水也称再利用水,也是节约水资源再利用的系统。根据回用水的来源可将其分为系统内回用水和系统外回用水。排出水的回用,不仅增加了用水系统的部分供水量,而且减少了工业废水的排放量,同时也减轻了工业废水对周围环境的污染。尤其是系统外回用水的使用,可减轻企业对新鲜水的依赖,不仅可以实现节水的目的,而且可省省水费的开支。

(3)制定用水定额,加强水资源开发利用管理。

水定额制定和加强水资源开发利用管理是城市用水科学管理的一项重要基础性工作。水利部在《关于加强用水定额管理的通知》中明确要求:"用水定额要随着技术进步、经济社会发展水平和水资源条件的变化适时调整更新用水定额,一般3~5年应调整更新一次。"为促进各行业加强对水资源的合理开发利用和管理,有关部门应根据不同行业生产用水的特点,用水的历史发展情况和现状,分别制定合理的用水定额,并按定额计划供应,对于超额用水部分要加倍收费,必要时还可以采取关阀停水的措施,对自备水源(深井水、地面水)同样应当按有关定额使用。

(4)提高工业生产规模,发挥所谓规模经济效益。

随着规模的加大,生产成本和经营费用都得以降低,从而能够取得一种成本优势。经济效益从其提高途径角度看,可分为潜在经济效益、资源配置经济效益、规模经济效益和技术进步经济效益。规模经济效益是指由于规模的扩大导致年金计划本身长期平均管理成本的大幅降低以及经济效益和收益的提高。由于规模经济的作用,企业管理成本的高低与企业规模的大小成反比,企业的规模越小,参加企业年金的管理成本就越高,这是中小企业经济效益较低的一个重要原因。

目前,我国大多数工业行业为企业小而多、工艺技术与管理落后、生产低效高耗等问题所困扰。在用水(节水)方面,不同行业中单位产品取水量或万元产值取水量先进与落后的指标值相差数倍。主要原因是小企业的经济实力限制了其产品结构调整、工艺节水改革的实现,从而无法进入节水指标先进的行列。在政策的鼓励和引导下,通过企业自身改革、联合或重组等形式形成规模生产,不仅可有效地实现企业资源的合理配置,而且可为生产过程的优化创造良好的条件,从而实现低耗(包括耗水、耗能及原料等)、高效的生产,提高企业的市场竞争力,同时也会促进企业节水目标的实现。

(5)加强企业用水管理,逐步实现节水的法制化水资源管理。

工业用水管理包括行政管理措施和经济管理措施。采取的主要措施有:制定工业用水节水行政法规,健全节水管理机构,进行节水宣传教育,实行装表计量、计划供水,调整工业用水水价,控制地下水的开采,对计划供水单位实行节奖超罚制度,以及贷款或补助节水工程等。用水管理对节水的影响非常大,它能调动人们的节水积极性,通过用水者的主观努力,使节水设施充分发挥作用;它能约束人的用水行为,减少或避免人为的用水浪费,完善用水管理制度是节水工作正常开展的保证。

56 什么是工业取水定额?

自 20 世纪 80 年代以来,我国已经大力推行城市节约用水工作,各城市以工业企业节水为重点,制订了与生产过程用水紧密联系的一系列节水措施,并在实践中逐步形成了比较成熟的经验。例如,为加强对水资源的管理,近年来,我国颁布了《工业节水管理办法》,规范企业用水行为,将工业节水纳入法制化管理;编制了《全国节水规划编要》《中国节水技术政策大纲》《重点工业行业取水指定指标》《节水型企业评价导则》《用水单位水计量器具配备和管理通则》《企业水平衡测试通则》《企业用水统计通则》等文件;颁布了火力发电、铁、石油、印染、造纸、啤酒、酒精、合成氨、味精 9 个行业的取水定额。

57 什么是节水型企业?

节水型企业是指采用先进适用的管理措施和节水技术,经评价用水效率达到国内同行业先进水平的企业。

节水型企业必须满足的基本要求有:

(1)企业在新建、改建和扩建项目时应实施节水的"三同时、四到位"制度;

(2)严格执行国家相关取水许可制度,开采城市地下水应符合相关规定;

(3)生活用水和生产用水分开计量,生活用水没有包费制;

(4)蒸汽冷凝水进行回用,间接冷却水和直接冷却水应重复使用;

(5)具有完善的水平衡测试系统,水计量装置完备;

(6)企业排水实行清污分流,排水符合国家标准的规定,不对含有重金属和生物难以降解的有机工业废水进行稀释排放;

(7)没有使用国家明令淘汰的用水设备和器具的。

58　什么是节水型设备？

　　在使用中与同类设备或完成相同功能的设备相比，具备可提高水的利用效率、或防止水漏失、或能替代常规水资源等特性的设备（包括产品、器具、材料和仪器仪表等）。节水型设备应符合有关节水的技术标准或被列入国家相关节水产品鼓励目录。

第五部分 农业节水

59　农业用水水源有哪些？

农业水资源是可为农业生产使用的水资源,包括地表水、地下水和土壤水。其中,土壤水是可被旱地作物直接吸收利用的唯一水资源形式,地表水、地下水只有被转化为土壤水后才能被作物利用。经必要净化处理的废污水也是一种重要的农业用水水源。大气降水被植物截留的部分也可视作农业水资源,但因其量较小(仅占全年降雨量的2.5%左右)通常被忽略。自然界的水资源可用于农业生产中的农、林、牧、副、渔各业及农村生活的部分。它主要包括降水的有效利用量、通过水利工程设施而得以为农业所利用的地表水量和地下水量。生活污水和工业废水,经过处理,也可作为农业水资源,加以利用。农业水资源只限于液态水。气态水和固态水只有转化成液态水时,才能形成农业水资源。叶面截留的雨露水和土壤内夜间凝结的水分都可为作物所利用,但其量甚微,在农业水资源分析中一般可不予考虑。江河湖泊的地表径流,可为国民经济各种用水部门提供水源,但不是全部水量都可构成可利用的水资源,如为了维护河道生态平衡,必须有一部分河道径流输入海洋;水源开发工程虽可进行年内及年际调蓄,但在丰水周期内亦常产生无法调蓄的弃水。因此,可利用的水资源只为其总水量的一部分,而农业可用水资源又只为可利用水资源中的一部分。

降水对农田是一种间断性的直接补给,也是农业水资源最基本的部分。农业水资源地表水主要是河川湖泊径流。江河在其水文动态许可范围内可为沿程提供农业用水。江河中下游平原是农业用水集中的地区,常须在河道上游修建蓄水工程,以调节水资源在时空上的不均衡,或在河道上筑坝引水,建闸提水,以补雨水之不足或不及时。必要时可实施跨流域调水,以调剂流域间水资源的不平衡。地下水包括丘陵山区的泉水、基岩裂隙水、冲积平原地区的浅层地下水、南方喀斯特地区的岩溶水,是农业水资源的另一来源。开采地下水,综合调度水资源,应在一个丰枯水文周期内保持地下水采补平衡。农业用水应以开采浅层地下水为主,深层地下水只能作为应急备用水源。地区性农业水资源的规划调度应在各用水部门综合规划平衡、合理安排农业结构的基础上,充分利用有效降雨量,发挥土壤的调蓄作用,积极开发利用地表水和合理开采地下水,统筹安排,发挥水资源的最大效益。

60 灌溉系统由哪几部分组成?

一般灌溉系统应包括水源取水工程、各级输配水渠道、渠系配套建筑物和田间工程等。实际上很多灌区都有灌溉与排水两个方面的要求,即旱时灌溉、涝时排水。所以,还要安排与灌溉渠系相对应的排水沟系,组成灌溉排水系统。

水源取水工程。自水源取水并引入农田灌溉所需修筑的进水闸、拦河坝、水库、泵站等,均属于取水工程。

各级输配水渠道。按照灌区的地形条件和所控制灌溉面积的大小,灌溉渠系一般分为干、支、斗、农四级固定渠道。对于小型灌区、地形平坦、面积较小,只设干支两级渠道即可。干渠主要起输水作用,它把从渠首引入的水量输送到各灌溉地段。支渠主要起配水作用,把从干渠分来的水量,按用水计划分配给各用水户。

渠系配套建筑物。灌溉渠系配套建筑物,一般包括分水闸、节制闸、泄水闸、渡槽、倒虹吸、跌水、陡坡、涵洞、桥梁和重水建筑物等,其作用主要是输送、控制、分配和量测水量等。

田间工程。田间工程是指农渠以下的毛渠、输水沟、畦和灌水沟以及护田林网、道路等。水田还包括格田田埂,其主要作用是调节农田水分状况,满足作物对灌溉、排水的要求,促进农业增产。

61 什么是节水农业?

节水农业是提高用水有效性的农业,是水、土、作物资源综合开发利用的系统工程。衡量节水农业的标准是作物的产量及其品质,用水的利用率及其生产率。节水农业包括节水灌溉农业和旱地农业。节水灌溉农业是指合理开发利用水资源,用工程技术、农业技术及管理技术达到提高农业用水效益的目的。旱地农业是指降水偏少而灌溉条件有限而从事的农业生产。

节水农业是随着节水观念的加强和具体实践而逐渐形成的。它包括四个方面的内容:一是农艺节水,即农学范畴的节水,如调整农业结构、作物结构,改进作物布局,改善耕作制度(调整熟制、发展间套作等),改进耕作技术(整地、覆盖等);二是生理节水,即植物生理范畴的节水,如培育耐旱抗逆的作物品种等;三是管理节水,即农业管理范畴的节水,包括管理措施、管理体制与机构、水价与水费政策、配水的控制与调节、节水措施的推广应用等;四是工程节水,即灌溉工程范畴的节水,包括灌溉工程的节水措施和节水灌溉技术,如精准灌溉、微喷灌、滴灌、涌泉根灌等。

总之,节水农业是根据农作物生长发育的需水规律以及当地自然条件下的供水能力,为有效利用天空降雨和灌溉水来达到农作物最好的增产效果和经济效益而采取的各种措施,节水不是最终的目的,准确的说法是高效用水。

62 农业节水技术主要包括哪些?

农业是我国第一用水大户,发展高效节水型农业是国家的基本战略。

农业节水技术主要包括 8 个大的方面:

(1)农业用水优化配置技术:主要包括多水源联合调度技术;井渠结合灌溉技术;适水种植技术;土壤墒情、旱情监测预测技术等。

(2)高效输配水技术:主要包括渠道防渗技术;管道输水技术;防渗渠道断面尺寸和结构优化设计技术;渠系动态配水技术;灌区量测水技术;输水建筑物老化防治技术等。

(3)田间灌水技术:主要包括改进地面灌水技术;以稻田干湿交替灌溉技术为主的水管理技术;喷灌技术;微灌技术;坐水种技术;精准控制灌溉技术;非充分灌溉技术等。

(4)生物节水与农艺节水技术:主要包括水肥耦合技术;深耕、深松等蓄水保墒技术和生物养地技术;保护性耕作技术;田间增水技术;蒸腾蒸发抑制技术;选用抗(耐)旱、高产、优质农作物品种;种衣剂和保水剂进行拌种技术等。

(5)降水和回归水利用技术:主要包括降水滞蓄利用技术;灌溉回归水利用技术;雨水集蓄利用技术等。

(6)非常规水利用技术:主要包括非常规水资源化技术;人工增雨技术;海水利用技术等。

(7)养殖业节水技术:主要包括抗(耐)旱节水优良牧草品种选育技术;节水抗旱型优良牧草栽培技术;人工草场的节水灌溉技术;草原节水耕作技术;集约化节水型养殖技术;养殖废水处理及重复利用技术;畜产品、水产品加工节水技术等。

(8)村镇节水技术:主要包括村镇集中供水技术;村镇饮用水处理与水质监测技术等。

63 什么是节水灌溉与高效节水灌溉?

节水灌溉一词近年来在我国已十分流行,其含义甚广,方法措施也很多。灌溉水从水源到田间要经过几个环节,每个环节中都存在水量无益损耗。凡是在这些环节中能够减少水量损失、提高灌溉水使用效率和经济效益的各种措施,均属于节水灌溉范畴。我国是一个水资源不丰富的国家,在各个用水部门中,灌溉用水最多,约占全国总用水量的70%以上。因此,开展节水灌溉对缓解我国日益突出的水资源供需矛盾具有十分重要的战略意义。

节水灌溉是根据作物需水规律及当地供水条件,为了有效地利用降水和灌溉水,获取农业的最佳经济效益、社会效益、生态环境效益而采取的多种措施的总称。节水灌溉,主要是对符合一定技术要求的灌溉而言的。由于灌溉是补充天然降水的不足,从而促使作物高产高效,节省灌溉用水,当然首先要提高天然降水的利用率。因此,把"节水灌溉"仅仅理解为节约灌溉用水是不全面的,应当在考虑灌溉的同时,还要把各种可以用于农业生产的水源,如地面水、地下水、天然降水、灌溉回归水、经过处理以后的污水、"废水"以及土壤水等都充分、合理地利用起来,并采用各种节水措施提高水的有效利用率。节水灌溉不仅包括灌溉过程中的节水措施,还包括与灌溉密切相关、提高农业用水效率的其他措施,如雨水蓄集、土壤保墒、渠井结合、渠系水优化调配、农业节水措施、用水管理措施等。

高效节水灌溉是指对除土渠输水和地表漫灌之外所有输、灌水方式的统称。根据灌溉技术发展的进程,输水方式在土渠的基础上大致经过防渗渠和管道输水两个阶段,输水过程的水利用系数从0.3 逐步提高到0.95,灌水方式则在地表漫灌的基础上发展为喷灌、微灌直至地下滴灌,从水的利用系数 0.3 逐步提高到 0.98。

64　节水灌溉包括哪些措施?

节水灌溉是科学灌溉、可持续发展的灌溉,包括工程措施、农艺措施、管理措施等三个方面。

(1)工程措施。如兴建水池、水窖、山塘、水库等水源工程;对渠道进行防渗处理、把明渠改成管道输水,配套完善渠系、管道上的各种闸、阀,安装水的量测计量装置等;采用喷灌、微灌等先进灌水方法,改进沟灌、畦灌、淹灌等传统地面灌水技术,推广使用注水灌等点灌抗旱保苗措施。

(2)农艺措施。如根据当地水源条件,采用适水种植,调整作物种植结构,种植耗水少、耐旱品种;采取平整土地,深耕松土,增施有机肥,改善土壤团粒结构,增加土壤蓄水能力;采用塑料薄膜或作物秸秆覆盖以及中耕耙耱、镇压等措施保墒,减少水分蒸发损失。

(3)管理措施。如制定鼓励节水的政策、法规,调整水价,用经济的办法促进人们节水,用节水型的灌溉制度指导灌水,完善基层用水管水组织,健全节水规章制度,落实节水责任制等。还有加强节水宣传,经验交流,举办培训班,普及节水知识等。

65 什么是低压管道节水灌溉技术？

低压管道输水灌溉是指在井灌区,通过抽水设备(水泵)给灌溉水体施加少量压力,并通过管道直接将水送到田间的一种灌溉技术。该项工程技术从20世纪80年代起在我国华北地区发展迅速。低压管道输水只是解决输水过程中的节水问题,所以还不是完全的节水灌溉。

66 什么是土壤含水量？

土壤含水量(water content of soil)是土壤中所含水分的数量。一般是指土壤绝对含水量,即100 g烘干土中含有若干克水分,也称土壤含水率。土壤含水率是农业生产中的重要参数,其主要方法有称重法、张力计法、电阻法、中子法,r - 射线法、驻波比法、时域反射击法及光学法等。土壤中水分含量称之为土壤含水率(soil moisture content),是由土壤三相体(固相骨架、水或水溶液、空气)中水分所占的相对比例表示的,通常采用重量含水率(θ_g)和体积含水率(θ_v)两种表示方法。

称重法也称烘干法,这是唯一可以直接测量土壤水分的方法,也是目前国际上的标准方法。用土钻采取土样,用0.1 g精度的天平称取土样的重量,记作土样的湿重M,在105 ℃的烘箱内将土样烘6 ~ 8 h至恒重,然后测定烘干土样,记作土样的干重M_s。

土壤含水量 = (烘干前铝盒及土样质量 - 烘干后铝盒及土样质量)/(烘干后铝盒及土样质量 - 烘干空铝盒质量) × 100%

67 什么是灌溉水利用系数？

灌溉水利用系数指在灌溉期内,灌溉面积上灌入田间可被作物利用的水量(即田间所需的净水量)与渠首引进的总水量的比值,由渠系水利用系数与田间水利用系数两部分组成,《灌溉与排

水工程设计规范》(GB 50288—99)中规定,灌区灌溉水利用系数应按下式计算:

$$\eta = \eta_s \eta_f$$

式中 η——灌溉水利用系数;

  η_s——渠系水利用系数;

  η_f——田间水利用系数。

灌溉水利用系数是衡量灌区从水源引水到田间吸收利用水的过程中水利用程度的一个重要指标,也是集中反映灌溉工程质量、灌溉技术水平和灌溉用水管理的一项综合指标,是评价农业水资源利用,指导节水灌溉和大中型灌区续建配套及节水改造健康发展的重要参考。

目前,我国农业用水粗放,农田灌溉水有效利用系数仅为0.54,表明在灌溉过程中约有50%的水未被利用,与世界先进水平0.7~0.8有较大差距;我国《水利改革发展"十三五"规划》和《国家节水行动方案》明确提出:到2020年我国农田灌溉水有效利用系数要提高到0.55以上。

68 什么是漫灌、沟灌、膜上灌?

(1)漫灌。漫灌是古老的和最常见的灌溉方法,灌溉水引入农田后,在重力和毛细管作用下渗入土壤,田间工程设施简单,不需能源,易于实施,至今仍为世界各国广泛采用。缺点是容易造成表层土壤板结,水的利用率较低,灌水均匀度较差,用工较多。为了提高灌水质量,除了要求有完整的田间输水渠道网,还需确定合理的畦、沟和格田规格,改进灌水工具和精细平整土地。灌水时还要确定适宜的入畦流量、入沟流量和封口成数(封口时水流达到整个畦沟长度的成数)。

(2)沟灌。在作物行间开沟,水流在沟中顺坡流动,同时向下及两侧入渗。沟灌可保持垄背土壤疏松,减少灌水定额。沟距通常等于作物行距,沟距一般不超过1 m。当作物行距小于50 cm,

土壤渗透性好时,有时也采用两行一沟,即隔沟灌。沟长一般100 m左右,土壤透水性强的宜短,地面坡度平缓的宜长。入沟流量通常在0.2~2.0 L/s范围内,沟短的取小值,沟长的取大值。美国最近推广的涌流式沟灌,向灌水垄沟轮流、间歇供水,可以大幅度减小灌水沟首部与尾部的入渗水量差别,提高灌水均匀度,节约用水量。

(3)膜上灌。膜上灌是一种用于地膜种植的灌溉方法。膜上灌能够将田面水经过放苗孔或专用渗水孔,只灌作物,属局部灌溉,减少了沟灌的田面蒸发和局部深层渗漏。据试验,膜上灌比沟灌节水25%~30%,水的利用率可达80%以上。在水资源匮乏的沟灌区改膜上灌,节水可达40%~50%。如果膜上灌这种田面节水技巧与管道输水(水的利用率97%)配合灌溉,水综合利用率可达近90%。同时膜上灌与沟灌相比均匀度有很大提高,能够给作物供给较适宜的水分情况,有利于作物吸收且泥土不板结。

69 什么是喷灌技术?

喷灌是利用水泵加压将灌溉水通过喷头喷射到空中,分散成细小的水滴,像雨水一样均匀地落下,是补充土壤水分不足的一种灌溉方法。喷灌具有节约用水、节省劳力、少占耕地、提高产量、对地形和土质的适应性强、能保持水土等优点。被广泛用于灌溉蔬菜、草坪以及小麦等农作物。但喷灌受风的影响大,在风大时不易喷洒均匀,投资较高。

喷灌方式很多,按获得压力的方式可分为机压式和自压式;按喷洒特征可分为定喷式(喷水时喷头位置不移动的喷灌形式)和行喷式(喷头位置边移动边喷洒的喷灌形式);按设备的组成特点可分为管道式和机组式,管道式系统又可分为固定管道式、半固定管道式和移动管道式,机组式系统又有轻型、小型、中型等定喷机组或中心支轴、平移、绞盘、悬臂等喷灌机组。

喷灌按照工作压力分类,可把喷头分为低压喷头、中压喷头和高压喷头。目前国内用得最多的是中压喷头。它的能耗小,较容易得到较好的喷灌效果。按照结构形式可把喷头分为旋转式喷头、全圆散射式喷头和喷洒多孔管三类。目前国内应用较普遍的是旋转式喷头。常用的旋转式喷头按结构形式主要分为摇臂式喷头、垂直摇臂式喷头和全射流喷头3种。摇臂式喷头可根据改变摇臂撞击频率调整喷洒的水量,转速稳定,易于调节,缺点是在有风或经受较大振动时喷洒均匀度较差;垂直摇臂式喷头是一种中、高压型喷头,靠摇臂回位撞击来驱动喷头旋转,适合应用在行走喷洒的系统中;全射流喷头是一种新型喷头,构造较简单,喷洒性能好。但由于射流元件上的工作空隙很小,对喷洒水质要求较高。

按照使用条件可将喷灌用管道分成固定管道和移动管道两大类。固定管道是指在灌溉季节中,甚至常年不移动的管道,多数埋在地下,属于这类管道的有塑料管、钢筋混凝土管、铸铁管和钢管。移动管道是指在灌溉季节中经常移动的管道,属于这类管道的有软管、半软管和硬管。

70 什么是滴灌技术?

滴灌(drip irrigation)是利用塑料管道将水通过直径约10 mm毛管上的孔口或滴头送到作物根部进行局部灌溉。它是目前干旱缺水地区最有效的一种节水灌溉方式,水的利用率可达95%。滴灌较喷灌具有更高的节水增产效果,同时可以结合施肥,提高肥效1倍以上。可适用于果树、蔬菜、经济作物以及温室大棚灌溉,在干旱缺水的地方也可用于大田作物灌溉。其不足之处是滴头易结垢和堵塞,因此应对水源进行严格的过滤处理。滴灌是按照作物需水要求,通过管道系统与安装在毛管上的灌水器,将水和作物需要的水分和养分一滴一滴,均匀而又缓慢地滴入作物根区土壤中的灌水方法。滴灌不破坏土壤结构,土壤内部水、肥、气、热经常保持适宜于作物生长的良好状况,蒸发损失小,不产生地面径流，几乎没有深层渗漏，是一种省水的灌水方式。滴灌的主要特点是灌水量小，灌水器每小时流量为 2～12 L。因此，一次灌水延续时间较长，灌水的周期短，可以做到小水勤灌；需要的工作压力低，能够较准确地控制灌水量，可减少无效的蒸发，不会造成水的浪费；滴灌还能自动化管理。

造成滴灌施肥系统滴头堵塞的因素可分为物理因素、化学因素和生物因素三大类。物理因素包括灌溉水中的泥沙、未溶解的肥料沉淀及其他杂质。化学因素如有些地区的灌溉水中含有较多的铁或锰。其遇到空气中的氧气后被氧化生成沉淀堵塞滴头。再如水的 pH 值和硬度过高的情况下容易产生碳酸钙镁的沉淀堵塞滴头。生物因素主要指各种微生物在滴灌管路内滋生成团而堵塞滴头。

71 什么是微灌技术？

微灌是按照作物需求，通过管道系统与安装在末级管道上的灌水器，将水和作物生长所需的养分以较小的流量，均匀、准确地直接输送到作物根部附近土壤的一种灌水方法。微灌分为以下四种类型：地表滴灌，是通过末级管道（称为毛管）上的灌水器，即滴头，将压力水以间断或连续的水流形式灌到作物根区附近土壤表面的灌水形式。地下滴灌，将水直接施到地表下的作物根区，其流量与地表滴灌相接近，可有效减少地表蒸发，是目前最为节水的一种灌水形式。微喷灌是利用直接安装在毛管上，或与毛管连接的灌水器，即微喷头，将压力水以喷洒状的形式喷洒在作物根区附近的土壤表面的一种灌水形式，简称微喷。微喷灌还具有提高空气湿度，调节田间小气候的作用。但在某些情况下，例如草坪微喷灌，属于全面积灌溉，严格来讲，它不完全属于局部灌溉的范畴，而是一种小流量灌溉技术。涌泉灌是管道中的压力水通过灌水器，即涌水器，以小股水或泉水的形式施到土壤表面的一种灌水形式。

目前,微灌常用的管道多为塑料管道,主要包括聚乙烯管(PE)和聚氯乙烯管(PVC)。微灌用的多为高压聚乙烯管材,主要由高压低密度聚乙烯树脂加稳定剂、润滑剂和一定比例的炭黑经制管机挤出成型。它具有很高的抗冲击能力,重量轻,柔韧性好,耐低温性能强(−70 ℃),抗老化性能比聚氯乙烯管材好。但不耐磨,耐高温性能差(软化点为92 ℃),抗张强度较低。为了防止光线透过管壁进入管内,引起藻类等微生物在管道内繁殖,增强抗老化性能和保证管道质量,要求聚乙烯管为黑色,外观光滑平整、无气泡、无裂口、沟纹、凹陷和杂质等。管道同截面的壁厚偏差不得超过14%。聚氯乙烯管道是用聚氯乙烯树脂与稳定剂、润滑剂配合后经制管机挤出成型。它具有良好的抗冲击和承压能力,刚性好。但耐高温性能较差,在50 ℃以上时即会发生软化变形。因属硬质管道,韧性强,对地形适应性不如半软性高压聚乙烯管道。微灌用聚氯乙烯管材一般为灰色。

72 什么是涌泉灌?

涌泉灌(小管出流)是利用直径4 mm左右的小塑料管与毛管连接作为灌水器,以细流状局部湿润作物附近土壤的一种灌溉方法。对于高大果树通常用绕树干修渗水小沟,均匀湿润果树周围土壤。涌泉灌操作简单,适用性强,对各种地形和土壤均通用,主要用于果树等。涌泉灌流道直径比滴灌灌水器的流道或扎口的直径(0.5~1.2 mm)大得多,而且采用较大流量出流,避免了滴灌系统灌水易于堵塞的难题。涌泉灌是一种局部灌溉技术,只湿润植物根系活动层的部分土壤,提高了水的利用率。

73 什么是水肥一体化?

水肥一体化是水和肥同步供应的一项集成农业技术,保证作物在吸收水分的同时吸收养分,又称"灌溉施肥"或"水肥耦合"。灌溉施肥可以在漫灌、沟灌、畦灌、喷灌和微灌中应用。它可以在灌水量、施肥量等方面都达到很高的精度,具有良好的节水、节肥、省工和增收作用。水肥一体化根据输送肥水混合液方式的不同可以分为微灌施肥和地面灌溉施肥。微灌施肥是通过低压管道系统与安装在末级管道上的灌水器,将肥水混合液输送至作物根系附近的水肥一体化技术,包括滴灌施肥、渗灌施肥、小管出流施肥等方法。地面灌溉施肥是不通过管道系统将肥水混合液输送至作物根系附近的水肥一体化技术,包括沟灌施肥和穴储肥水等方法。

74 什么是小管出流?有哪些优缺点?

采用较大流道尺寸,利用已有的 $\phi 4$ PE 塑料小管作为灌水器,同时采用了 $100 \sim 180$ L/h 的大流量出流。这样既使随灌溉水进入灌水器的细小颗粒有宽松的通道,而且具有足够的水流速度使固体颗粒不发生沉积,从而大大提高了灌水器的防堵能力。

小管出流灌溉系统与滴灌系统比较有如下特点:

(1)堵塞问题小,水质净化处理简单。小管灌水器的流道直径比滴灌灌水器的流道或孔口的直径($0.5 \sim 1.2$ mm)大得多,而且采用大流量出流,解决了滴灌系统灌水器易于堵塞的难题。因此,一般只要在系统首部安装 $60 \sim 80$ 目/英寸的筛网式过滤器就足够了(滴灌系统过滤器的过滤介质则需要 $120 \sim 200$ 目/英寸)。如果利用水质量较好的井水灌溉也可以不安装过滤器。同时,由于过滤器的网眼大、水头损失小,既节省能源消耗,又可延长冲洗周期。

(2)施肥方便。果树施肥时,可将化肥液注入管道内随灌溉水进入农作物根区土壤中,也可把肥料均匀地撒于入渗沟内溶解,随水进入土壤。特别是施有机肥时,可将各种有机肥埋进入渗沟下的土壤中,在适宜的水、热、气条件下熟化,充分发挥肥效,解决了滴灌不能施有机肥的问题。

(3)省水。小管出流灌溉是一种局部灌溉技术,只湿润入渗沟渠两侧果树根系活动层的部分土壤,水的利用率很高,而且是管网输配水,没有渗漏损失。据北京市海淀区试验,可比地面灌溉节约用水 60% 以上。

(4)适应性强。对各种地形、土壤、果树、葡萄等均可适用。

(5)操作简单,管理方便。

75 什么是节水耐旱植物?

节水耐旱植物是指植物本身具有抗旱特性,能在当地年均降水量保持稳定的情况下正常生长发育,具有良好观赏价值的种或品种。节水耐旱植物繁殖容易,可通过播种、扦插、嫁接、组培等方法进行繁殖;具有较强的抗逆性,耐干旱瘠薄、抗病虫害能力强;对土壤要求不严,具有大规模推广应用的价值,可广泛用于园林绿化建设事业。

节水耐旱植物一般以原产于本地区的乡土植物居多,也包括通过长期引种、栽培和繁殖,被证明已完全适应本地区气候和环境的种和新优品种。这类植物一般在新植后的 1~2 年内,根系没有完全恢复的情况下适当补充水分,年降水量正常年份,不需灌溉可良好生长并满足园林景观的需求,其耗水量是草坪的 10%以下,是其他喜水植物的 20%~30%,节水功能非常明显。

抗旱植物的形态特征是长期适应干旱环境的结果。

抗旱植物的形态特征主要有:①株形紧凑,叶片茸毛多,如构树;②蜡质层和角质层厚,如沙冬青;③叶片较小、粗糙、灰绿,如松柏科中大多数植物、柽柳、沙冬青;④叶厚,肉质叶,如佛甲草、八宝、费菜等,储存的水分能自给自足,生长过程中不需浇水,这类植物尤其适合用于屋顶绿化应用;⑤无花瓣、花期叶片退化,如旱柳、黄花矶松等;⑥根系分布深,如国槐、臭椿等,植物能从地下更深处吸收水分,从而具有抗旱的特性。

76 作物是怎样吸收水分的？什么是作物需水量？

作物为了获得生长需要的水分，大都通过根系从土壤中吸收。根系也不是全部都能吸水，主要是在根尖部分进行。其中，以根毛区的吸水能力最大，根冠、分生区和伸长区较小。由于根系吸水主要在根尖部位进行，所以农田灌水应考虑作物大部分根尖的深度。根系吸水有两种动力，就是根压和蒸腾拉力。一种是根压。由于根系的生理活动使液流从根部上升的压力。根压把根部的水压到地上部位，土壤中的水便补充到根部，这就形成根系的吸水过程。另一种是蒸腾拉力。叶片蒸腾时，气孔下腔附近的叶肉细胞因蒸腾失水而水势下降，如此下去，便通过一系列导管最后根细胞从土壤中吸取水分。这种吸水是由蒸腾失水而产生拉力所引起的根部被动吸水。蒸腾拉力是蒸腾旺盛时根系吸水的主要动力。大田作物绝大部分的水是靠这种动力来吸收的。

作物需水量，是指作物生长发育所需要消耗的水量。作物本身具有生理节水与抗旱能力，作物各生育阶段的需水量不同，各生育阶段对水分的敏感程度也不同。作物需水量是农业用水的重要组成部分，是整个国民经济中消耗水分的主要部分，是确定作物灌溉制度以及地区灌溉用水量的基础，是流域规划、地区水利规划、灌排工程规划、设计和管理的基本依据。在正常生育状况和最佳水、肥条件下，作物整个生育期中，农田消耗于蒸散的水量。一般以可能蒸散量表示，即为植株蒸腾量与株间土壤蒸发量之和，以毫米或立方米/亩计。作物需水量是研究农田水分变化规律、水分资源开发利用、农田水利工程规划和设计、分析和计算灌溉用水量等的依据之一。

影响田间作物需水量的主要因素有气象条件、作物种类、土壤性质和农业措施等。作物需水量的大小取决于作物生长发育和对水分需求的内部因子和外部因子。其中，内部因子是指对需水规律有影响的生物学特性，与作物种类、品种以及生长阶段有关,气候条件(包括太阳辐射、气温、相对湿度、水面蒸发量、风速等)和土壤条件(包括土壤质地、含水量等)属于外部因子。在土壤水分充分的情况下,气象因素是影响作物需水量的主要因素。同时,农业技术措施也会对作物需水产生影响。

77　什么是农业节水科技奖?

农业节水科技奖是经国家科学技术部批准,由中国农业节水和农村供水技术协会设立与承办,面向全国农业节水行业的科学技术奖。其目的在于鼓励自主创新,促进科学研究、产品开发、技术推广,推进中国农业节水技术进步,加速中国农业节水可持续发展战略的实施。奖励在农业节水领域的科学研究、技术开发、工程设计、建设、施工和安全生产中的重大专题研究成果;为农业节水领域决策和管理提供理论和实践依据与方法的优秀科研成果、标准化和科技情报研究成果;推广、采用或消化、吸收国内外已有的先进农业节水科学技术成果做出突出成绩或有所创新、发展的个人或组织。

农业节水科技奖每年评审一次,分设一、二、三等奖。对获奖成果的主要承担单位和主要完成人颁发奖励证书和奖金。

78　什么是节水灌溉制度?

节水灌溉制度是把有限的灌溉水量在作物生育期内进行最优分配,以提高灌溉水向根层储水的转化效率和光合产物向经济产量转化的效率。在水源充足时采用适时、适量的节水灌溉;在水源供水不足的情况下采取非充分灌溉、调亏灌溉、低定额灌溉等,限制对作物的水分供应,一般可节水 30% ~40%,而对产量无明显影响。制定节水高效灌溉制度一般不需要增加很多投入,只是根据作物生长发育的规律,对灌溉水进行时间上的优化分配,农民易于掌握,是一种投入少、效果显著的管理节水措施。

节水灌溉制度可分为充分供水条件下的节水灌溉制度和供

水不足条件下的节水灌溉制度。充分灌溉是指水源供水充足,能够全部满足作物的需水要求,此时的节水灌溉制度应是根据作物需水规律及气象、作物生长发育状况和土壤墒情等对农作物进行适时、适量的灌溉,使其在生长期内不产生水分胁迫情况下获得作物高产的灌水量与灌水时间的合理分配,并且不产生地面径流和深层渗漏,既要确保获得最高产量,又应具有较高的水分生产率。供水不足条件下的节水灌溉制度是在水源不足或水量有限条件下,把有限的水量在作物间或作物生育期内进行最优分配,确保各种作物水分敏感期的用水,减少对水分非敏感期的供水,此时所寻求的不是单产最高,而是全灌区总产值最大。

79 我国古代节水工程典范团城是如何实现节水灌溉的?

北京北海公园团城是古人节水灌溉的智慧典范。其建于公元 15 世纪初,是一座砖筑圆形小城,城高 4.6 m,面积为 4 553 m^2。城墙上没有一个泄水口,也没有一条排水明沟,但城上却从不积水,也不干旱。这里还生长着数十棵根深叶茂的古树。数百年来,无论是大雨倾盆还是久旱无雨,古树百代常青,历久不衰。

北京北海公园团城共有九口渗水井,呈椭圆环走向排列。借助先进的地球物理电磁法探明,九个渗水井口都跟地下涵洞相通,地面上渗水井口处位置正好是涵洞走向的转折点,从 1 号井口起,按顺时针方向经 2 号、3 号井口,依次到 9 号井口为止,整个涵洞走向呈"C"字母形。这样,每当大雨降临时,雨水顺井口流入涵洞储存起来,形成一条暗河,使树木在雨水多的情况下不至于因积水浸泡造成烂根,在干旱的情况下又不至于因缺水而干枯。

北京北海公园团城地面有 5 900 多 m^2,除建筑物所占地外,其余地面都铺有地砖。这些地砖因用途不同,选择的砖形和质地不同,铺设样式也大有讲究。为游人设置的甬道,用方砖铺砌,砖质细密,不渗水,占全部砖面的一小部分。其余绝大部分,铺砌的是倒梯形方砖,这样砖与砖之间就形成一条上窄下宽的缝隙,供渗水集雨用。团城的地势北高南低,下大雨时,雨水从北往南流淌,古树多在南边,根据这种情况,铺砌在城北和城南的倒梯形方砖在尺寸与质地上有区别——城北的方砖较厚,上面还有一层2~3 cm厚的致密层;城南的方砖稍薄,上面没有致密层,砖体遍布气孔,其吸水性能比城北的方砖要强。此外,城南的方砖比城北的方砖表面积要小,这样,城南地面上的缝隙就比城北更多更密,更利于渗水集雨。由此可见,古代工匠们的科学思维是多么的缜密细致。

第六部分　节水管理

80 节水的法律依据有哪些?

《中华人民共和国宪法》第一章(总纲)第十四条规定:"国家厉行节约,反对浪费"。这里的"节约"二字,显然包括节约用水的内容;第九条还规定:"国家保障自然资源的合理利用。禁止任何组织或者个人用任何手段侵占或者破坏自然资源",这里的自然资源包括水资源。

2016年新修订的《中华人民共和国水法》总则第八条明确规定:"国家厉行节约用水,大力推行节约用水措施,推广节约用水新技术、新工艺,发展节水型工业、农业和服务业,建立节水型社会"。各级人民政府应当采取措施,加强对节约用水的管理,建立节约用水技术开发推广体系,培育和发展节约用水产业。单位和个人有节约用水的义务。这为节约用水、节水型社会的全面建设提供了法律保障。

除总则中多处提到节约用水外,《中华人民共和国水法》还专列章阐述节约用水。第五章为水资源配置和节约使用。该章共12条,其中6条为节约用水的内容,具体如下。

第四十七条 国家对用水实行总量控制和定额管理相结合的制度。

省、自治区、直辖市人民政府有关行业主管部门应当制订本行政区域内行业用水定额,报同级水行政主管部门和质量监督检验行政主管部门审核同意后,由省、自治区、直辖市人民政府公布,并报国务院水行政主管部门和国务院质量监督检验行政主管部门备案。

县级以上地方人民政府发展计划主管部门会同同级水行政主管部门,根据用水定额、经济技术条件以及水量分配方案确定的可供本行政区域使用的水量,制订年度用水计划,对本行政区域内的年度用水实行总量控制。

第四十九条 用水应当计量,并按照批准的用水计划用水。用水实行计量收费和超定额累进加价制度。

第五十条 各级人民政府应当推行节水灌溉方式和节水技术,对农业蓄水、输水工程采取必要的防渗漏措施,提高农业用水效率。

第五十一条 工业用水应当采用先进技术、工艺和设备,增加循环用水次数,提高水的重复利用率。国家逐步淘汰落后的、耗水量高的工艺、设备和产品,具体名录由国务院经济综合主管部门会同国务院水行政主管部门和有关部门制定并公布。生产者、销售者或者生产经营中的使用者应当在规定的时间内停止生产、销售或者使用列入名录的工艺、设备和产品。

第五十二条 城市人民政府应当因地制宜采取有效措施,推广节水型生活用水器具,降低城市供水管网漏失率,提高生活用水效率;加强城市污水集中处理,鼓励使用再生水,提高污水再生利用率。

第五十三条 新建、扩建、改建建设项目,应当制定节水措施方案,配套建设节水设施。节水设施应当与主体工程同时设计、同时施工、同时投产。

供水企业和自建供水设施的单位应当加强供水设施的维护管理,减少水的漏失。

此外,《中华人民共和国清洁生产促进法》中,也有多处提到关于水的条款,具体如下。

第十三条 国务院有关行政主管部门可以根据需要批准设立节能、节水、废物再生利用等环境与资源保护方面的产品标志,并按照国家规定制定相应标准。

第十六条 各级人民政府应当优先采购节能、节水、废物再生利用等有利于环境与资源保护的产品。

第十九条 企业在技术改造过程中,应当对生产过程中的废物、废水和余热等进行综合利用或者循环使用。

第二十三条 餐饮、娱乐、宾馆等服务性企业,应当采用节能、节水和其他有利于环境保护的技术和设备,减少使用或者不使用浪费资源、污染环境的消费品。

第二十四条　建筑工程应当采用节能、节水等有利于环境与资源保护的建筑设计方案、建筑和装修材料、建筑构配件及设备。

2017 年修订的《中华人民共和国水污染防治法》对节水减排做了如下规定。

第三条　水污染防治应当坚持预防为主、防治结合、综合治理的原则，优先保护饮用水水源，严格控制工业污染、城镇生活污染，防治农业面源污染，积极推进生态治理工程建设，预防、控制和减少水环境污染和生态破坏。

第十条　排放水污染物，不得超过国家或者地方规定的水污染物排放标准和重点水污染物排放总量控制指标。

第二十条　国家对重点水污染物排放实施总量控制制度。

第四十四条　国务院有关部门和县级以上地方人民政府应当合理规划工业布局，要求造成水污染的企业进行技术改造，采取综合防治措施，提高水的重复利用率，减少废水和污染物排放量。

⑧1　什么是最严格水资源管理的"三条红线、四项制度"？

2012 年 1 月，国务院发布了《关于实行最严格水资源管理制度的意见》，对于解决我国复杂的水资源水环境问题，实现经济社会可持续发展具有深远意义和重要影响。其主要内容概括来说，就是确定"三条红线"，实施"四项制度"。

（1）确定的"三条红线"。

①水资源开发利用控制红线。到 2030 年全国用水总量控制在 7 000 亿 m^3 以内；

②用水效率控制红线。到 2030 年用水效率达到或接近世界先进水平，万元工业增加值用水量降低到 40 m^3 以下，农田灌溉水有效利用系数提高到 0.6 以上；

③水功能区限制纳污红线。到 2030 年主要污染物入河湖总

量控制在水功能区纳污能力范围之内,水质达标率提高到95%以上。

（2）实施的"四项制度"。

①用水总量控制制度。加强水资源开发利用控制红线管理,严格实行用水总量控制,包括严格规划管理和水资源论证,严格控制流域和区域取用水总量,严格实施取水许可,严格水资源有偿使用,严格地下水管理和保护,强化水资源统一调度。

②用水效率控制制度。加强用水效率控制红线管理,全面推进节水型社会建设,包括全面加强节约用水管理,把节约用水贯穿于经济社会发展和群众生活生产全过程,强化用水定额管理,加快推进节水技术改造。

③水功能区限制纳污制度。加强水功能区限制纳污红线管理,严格控制入河湖排污总量,包括严格水功能区监督管理,加强饮用水水源地保护,推进水生态系统保护与修复。

④水资源管理责任和考核制度。将水资源开发利用、节约和保护的主要指标纳入地方经济社会发展综合评价体系,县级以上人民政府主要负责人对本行政区域水资源管理和保护工作负总责。

82 什么是河（湖）长制？

2016年12月,中共中央办公厅、国务院办公厅印发了《关于全面推行河长制的意见》,并发出通知,要求各地区各部门结合实际认真贯彻落实。2017年12月26日,中共中央办公厅、国务院办公厅联合印发了《关于在湖泊实施湖长制的指导意见》。全面推行河（湖）长制是中央做出的一项重大决策部署,由各级党委或政府负责同志担任河长（湖长）,负责组织领导响应的河湖管理和保护工作。中央要求,到2018年年底前全面建立河（湖）长制。到2018年7月17日,水利部举行全面建立河长制新闻发布会宣布,截至6月底,全国31个省区市已全面建立河长制。

河(湖)长制,即由中国各级党政主要负责人担任河长(湖长),负责组织领导相应河湖的管理和保护工作。河长制工作的主要任务包括六个方面:一是加强水资源保护,全面落实最严格水资源管理制度,严守"三条红线";二是加强河湖水域岸线管理保护,严格水域、岸线等水生态空间管控,严禁侵占河道、围垦湖泊;三是加强水污染防治,统筹水上、岸上污染治理,排查入河湖污染源,优化入河排污口布局;四是加强水环境治理,保障饮用水水源安全,加大黑臭水体治理力度,实现河湖环境整洁优美、水清岸绿;五是加强水生态修复,依法划定河湖管理范围,强化山水林田湖系统治理;六是加强执法监管,严厉打击涉河湖违法行为。

通过实施河(湖)长制,形成党政负责、水利牵头、部门联动、社会参与的工作格局。很多河湖实现了从"没人管"到"有人管"、从"管不住"到"管得好"的转变,推动解决了一批河湖管理保护难题,河湖状况逐步好转,干净、整洁、生态、美丽的河湖景象逐步显现,人民群众的获得感、幸福感不断提升。

83 什么是合同节水管理?

合同节水管理是指节水服务企业与用水户以合同形式,为用水户募集资本、集成先进技术,提供节水改造和管理等服务,以分享节水效益方式收回投资、获取收益的节水服务机制。推行合同节水管理实质是募集资本,先期投入节水改造,用获得的节水效益支付节水改造全部成本,分享节水效益,实现多方共赢,实现可观的生态、经济、社会综合效益。有利于降低用水户节水改造风险,提高节水积极性;有利于促进节水服务产业发展,培育新的经济增长点;有利于节水减污,提高用水效率,推动绿色发展。

2014年年底,河北工程大学是全国第一例高校合同节水项目试点,项目总投资1 180万元,合同期6年,通过实施更换节水器具、改造供水管网、建设节水节能监管中心、打造节水文化等项目,节水成效明显。2015年4月至2018年12月,项目合计节约水量 574 万 t，年节水率达 50%。截至 2018 年 12 月，项目直接节约水费 2 415 万元，6 年合同期内学校至少可节约水费 4 100 余万元。社会资本进行节水设施改造，可节约财政资金 1 000 多万元，改造后的节水设施在合同期后至少还能运行 9 年，保守估算可再节约水费 6 700 余万元。

84 什么是水平衡测试？

水平衡是指用水单位作为考察对象的水量平衡，即用水单位各用水单元或系统的输入水量之和应等于输出水量之和；水平衡测试是指，对用水单元和用水系统的水量进行系统的测试、统计、分析得出水量平衡关系的过程。水平衡测试是对用水单位进行科学管理行之有效的方法，也是进一步做好城市节约用水工作的基础。它的意义在于，通过水平衡测试能够全面了解用水单位管网状况，各部位（单元）用水现状，画出水平衡图，依据测定的水量数据，找出水量平衡关系和合理用水程度，采取相应的措施，挖掘用水潜力，达到加强用水管理，提高合理用水水平的目的。水平衡测试是加强用水科学管理，最大限度地节约用水和合理用水的一项基础工作。它涉及用水单位管理的各个方面，同时也表现出较强的综合性、技术性。通过水平衡测试应达到以下目的：

（1）掌握单位用水现状。如水系管网分布情况，各类用水设备、设施、仪器、仪表分布及运转状态，用水总量和各用水单元之间的定量关系，获取准确的实测数据。

（2）对单位用水现状进行合理化分析。依据掌握的资料和获取的数据进行计算、分析、评价有关用水技术经济指标，找出薄弱环节和节水潜力，制订出切实可行的技术、管理措施和规划。

（3）找出单位用水管网和设施的泄漏点，并采取修复措施，堵塞跑、冒、滴、漏。

（4）健全单位用水三级计量仪表。既能保证水平衡测试量化指标的准确性，又为今后的用水计量和考核提供技术保障。

(5)可以较准确地把用水指标层层分解下达到各用水单元,把计划用水纳入各级承包责任制或目标管理计划,定期考核,调动各方面的节水积极性。

(6)建立用水档案,在水平衡测试工作中,搜集的有关资料、原始记录和实测数据,按照有关要求,进行处理、分析和计算,形成一套完整翔实的包括有图、表、文字材料在内的用水档案。

(7)通过水平衡测试提高单位管理人员的节水意识,单位节水管理节水水平和业务技术素质。

(8)为制定用水定额和计划用水量指标提供了较准确的基础数据。

85 企业用水技术档案包括哪些内容?

企业用水技术档案包括以下内容:

(1)用水节水的相关规章、制度;

(2)各种水源(自来水、地下水、地表水)及其他水源的水量、水质和水温参数;

(3)供水、排水管网图;

(4)水表配备系统图;

(5)供水、用水、排水日常记录台账及相关汇总表格;

(6)近年用水节水技术改造情况;

(7)近年的水平衡测试文件。

企业用水技术档案应完整、内容真实和详尽。企业应由专人对用水技术档案进行管理,并对档案进行不断更新。企业应完备企业生产技术档案,包括人员、设备、产品、规模、产量、产值等。

86 城市节水管理的措施有哪些?

为了实现城市有限水资源的高效利用,在城市节水管理方面可采取以下措施。

(1)加强节水宣传教育,提高全民节水意识。

加强节水宣传教育,开展节水意识的正面引导,是提高全民节水意识的重要基础。通过教育,使居民认识到水作为一种资源并非取之不尽,用之不竭,使人们对未来水资源短缺所产生后果的严重性有充分的估计。同时,要教育人们充分认识水的商品属性,为利用经济杠杆促进节水效果奠定基础。建立节水教育机制,在大中小学校开展节水普及教育,节水从学生抓起;在社区和用水企业建立宣传阵地,设立节水宣传板报、宣传栏,宣传节水必要性,提高节水意识。

(2)建立城市用水定额,编制节水指标体系。

制定城市用水定额是实行科学合理用水的基础。用水定额应充分体现可行性、先进性、法规性和积极合理性。城市节水指标是用水定额的一种表现形式,由于城市节水较为复杂,为了简化问题,增强节水指标可操作性,一般将城市节水指标归纳为总体指标和分体指标。由制定的节水指标体系来衡量城市的节水水平,从而科学地指导城市节水。

(3)全面厉行城市节水,推动工业节水革命。

工业节约用水要以技术进步型节水和结构调整型节水并重。工业用水是城市用水的重要组成部分,工业用水一般占城市用水的60%~80%,用水量大而集中,通过循环回用、重复利用,提高工业用水重复利用率历来就是工业节水的重点。随着工业节水的不断发展,工业节水的重点将是通过更新生产设备,改造工艺流程,降低工业用水定额。

(4)实行计量征收水费,采取计划用水管理。

根据国家法律法规,用水实现计量收费和超定额累进加价收费。计量不但是征费的基础,也是实行计划用水的基础。没有计量,用水统计无从谈起,计量收费和超定额累进加价也无从谈起。随着科技的发展,IC卡和远程控制水表的安装,节水效果十分明显。

(5)加快城市污水处理,加强废水回收利用。

城市污水排放系数在 0.7 以上,污水数量巨大,城市污水经过深度处理以后,可以作为回用的水。回用水不但可以节省宝贵的水资源,减轻城市供水压力,也有利于控制过量开采地下水引起的地面沉降和下降等环境地质问题,而且也能够减轻水污染,保护水环境,促进生态的良性循环。回用水可以用于工业、农业、城市杂用和回灌地下水等,因此回用水对生态城市建设是非常必要的。

(6)理顺节水管理体制,实现水资源最大效益。

在水资源的开发利用过程中,还存在着水源与供水、供水与用水、用水与排水、排水与污水处理和回用分割脱节的问题。由于各主管部门对水的利用着眼点和指导思路以及利益关系有较大的差别,使得各自的政策导向和工作目标上难以达成一致,扰乱了人与水、社会经济建设和水的协调关系。应当建立在政府的指导下,建立水务管理统一的、经市场调节的节水管理体制,实现水的最大效益化。

(7)尽快调整产业结构,促进节水产业的发展。

经济的快速发展使城市用水量大幅度增长,特别是工业中重工业的发展与产业布局过于集中,使区域用水更为紧张。为保障城市水资源的可持续利用,城市要率先实现信息化带动工业化进程中的节水型产业结构调整,即依据城市的水资源条件调整、优化产业结构,限制高耗水产业的发展,着力培植极低耗水的知识密集型产业和高技术密集型产业,调整工业空间结构和布局,以使有限的水资源发挥最大的经济效益。

对于产业结构的调整,针对水资源短缺的现实,政府应在政策、经济、科技等宏观调控手段上进行调控,同时利用水资源论证和水资源取水许可以及提高水资源费或供水价格来减少高耗水、耗能的用水量,积极引导产业结构的调整,促进节水节能的产业发展。

87 国外节水管理方面的经验有哪些？

1. 新加坡

新加坡水资源总量6亿 m³，人均水资源量仅有211 m³，排名世界倒数第二，是极度缺水的国家之一。正因为如此，新加坡成为世界上水资源管理最优秀的国家，国内每一个人都具有浓厚的节水意识。

1）收集每一滴雨水

新加坡水资源量很少，为了防止地面沉降，政府禁止开采地下水，并将雨水收集作为获取淡水资源的主要途径。为了尽可能更多地收集雨水，新加坡很多地方都设置有雨水收集池，收集雨水的区域占了国土面积的 2/3，目前，新加坡 4/5 的降雨成了饮用水源，水资源贫乏问题得到彻底改观。

2）调整水价，征收节水税

新加坡每度电的价格为0.14 新元（1 新元约为 5 元人民币），每立方煤气价格为0.12 新元，但是平均每吨水的价格却在1 新元以上。同时用水越多，水价就越高。家庭用水在40 m³ 以下时，每吨水的价格为 1.17 新元，用水超过 40 m³，每吨水的价格为 1.4 新元，同时还要多缴纳水费的30% ~45% 作为水保费。工业用水价格比家庭用水价格还要高，且用水超过计划定额时，还要缴纳15% 的节水税。水费的征收，促使国内居民人人崇尚节水。

3）家庭水费高政府将警示

对于用水量超过同等规模家庭的平均用水量，在收到水费账单的同时，政府也将会派人来免费安装节水龙头，并辅导节水知识。

（4）大力宣传节水

为了提高公民节约用水意识，新加坡每年会拿出数百万新元用于进行节水宣传，并联合学校、企业等机构开展节水教育，可谓在节水方面下足了力气，鼓励居民节约用水。

2. 以色列

以色列有 2/3 的土地为沙漠,人均水资源量仅有 285 m³,水资源极其缺乏。这也造就了这个国家在水处理技术和理念上始终处于世界领先水平。

1)用"茶勺"喂庄稼

这样一个缺水国家,它的农业出口值占了全国总出口值的 9%,这完全得益于以色列的节水农业。从 1948 年开始,以色列就开始发展节水农业,通过自动化的滴灌系统,将农作物所需的水和肥料准确、适时、适量地供给农作物,以色列农民将其比喻为用"茶勺"喂庄稼。先进的滴灌技术,使得以色列在用水量只增加了 3 倍的情况下农产品的产量增加了 12 倍。

2)用"盘子"收集露水

为了获得更多的水,以色列甚至用类似于盘子的集水装置收集露水,据说这种特殊材料做成的盘子,在以色列的沙漠地区,一晚上能收集 3 公斤露水。

3)限量用水

为了有效节约水资源,以色列还实行限量用水。如城市园林绿化,这部分用水只在每年的 4 ~ 11 月供应,1 m² 只供应 0.6 m³ 水,每个花园用水一年不得超过 300 m³。在工业与农业方面,规定凡是用水超过定额的 10%,用水价格将翻 2 倍,超过再多的话,用水价格就会翻 3 倍。

4)中水回用

以色列政府在 1972 年就制订了"国家污水再利用工程"计划,如今以色列污水回用率为 75%,以色列的污水处理技术相当高超,凭借肉眼,基本不能分辨出中水与普通自来水的区别,中水大部分被用于农业灌溉,还有部分用于非饮用生活用水,或回灌于地下以补充地下水。

3. 澳大利亚

澳大利亚是降水量最少的国家,水资源总量很少。但因其人口较少,人均水资源量相对丰富,是我国的 10 倍,即便如此,澳大利亚也非常注重节水。

1)规定清晨浇草坪

澳大利亚政府要求居民尽量减少用水时的无故流失,甚至包括减少蒸发浪费。为此,澳大利亚用法律规定,新建住宅必须安装比传统节水 40% 的器具;浇花园、草坪必须使用手持式的节水型喷头,且只能在清晨浇灌草坪而洗车只能擦洗,不得喷洗;甚至还要求室外游泳池要加盖子。

若住户每天用水超过 0.8 m³,还会被认为是"用水大户",要向政府提交用水评估表,想方设法找出节约用水的方法。

2)水费每年飙升

澳大利亚平均每户一年的水费大概在 500 ~ 1 000 澳元左右(1 澳元约为 5.4 元人民币),且近几年澳大利亚的水费以每年近百元的速度飙升。在部分地区的特定时间里,还会发布限水令,虽然这是政府发布的,但民众节约用水的习惯早已自觉养成。

3)想用水? 买水权

澳大利亚水资源归政府所有,每个人都有水的使用权,早期用水户取水和用水,只用向政府申请获得水权就行。近年来,政府可以授权的水资源量越来越少,因此新的用水户要想用水,就得在市场上向有多余水量的人购买水权。水权可以买卖,使得拥有水权的人想方设法节约用水,节约越多的水就能获得越大的收益。

4.美国

美国水资源总量略高于我国,但人均占有水资源量是我国的 4 倍,是水资源较为丰富的国家之一,但美国也采取了许多措施节约用水。

1)洛杉矶儿童"节水副市长"

提高公民的节水意识要从娃娃抓起,为了宣传节水,美国洛杉矶市长曾动员 100 人作节水报告 188 次,并让 7 万名中学生观看节水电影。1981 年水资源紧张时,纽约市长还别开生面地发出一个号召:委派全市儿童都担任纽约市的"节水副市长",协助市长监督他们的父母和兄弟姐妹节约用水。

2)更换节水设备有退税优惠

据统计,美国家庭平均每年用水 480 m³,用水量较大。在家庭室内用水中,75%的水用于洗浴和冲厕,有专家表示,只要花 50 美元换个小水箱,买个不到 20 元的节水沐浴喷头,就能节约 35% 的生活用水。为了促进大家节约用水,美国多数州对更换节水设备的纳税人都有退税的优惠。

3)城市用水比农村贵 77 倍

与我国水资源量南多北少相似,美国水资源东多西少。在西部干旱地区,美国政府使用价格倾斜的方法促进城市居民节约用水,保证农业用水。如加利福尼亚州西南部圣迭戈,农场 120 万 m³ 的灌溉用水,水费仅有 17 美元,而在圣迭戈市内,使用同样多的水,需要支付水费 1 311 美元。

5.日本

日本属于海洋性气候国家,雨水多。降水量是世界平均水平的 2 倍,水资源量相对丰富,尽管如此,日本人还是用各种方法来节水,并且积累了相当丰富的经验。

1)节水注重细节

在日本,节水意识已经融入生活中的方方面面。厕所、浴室、厨房都有节水设备的影子。在许多公共场所,洗手池都做得很小,这是因为只有用很小的水流洗手时,水才不会溅出来弄湿衣服,足见日本人对节水考虑得细致入微。另外,日本对节水宣传也很用心,不论是学校还是商场,随处可以见到节水的影子,学生的文具上印有"节约用水",课本里有节水内容,连厨房围裙上也有节水的标记。东京还有一座很有特色的"水道纪念馆",向人们讲述水的来之不易。

2)设中水道

为节约水资源,日本大力推广中水回用,是中水回用最典型的国家。20 世纪 60 年代开始使用中水,70 年代中水回用已经具有一定规模。日本在日常生活中,水管除了自来水管道与废水排水管道,还设置有中水管道用以供生活杂用,足见日本中水回用的普遍性。

88 我国有哪些民间节水习俗?

中华文明源远流长。我国部分地区的用水活动中,依然保留着一些传统习俗与做法,很好地体现了对水的自觉爱护和节约。

1. 山西"四社五村"举《水册》

地处晋南地区的"四社五村"共有 15 个山村,是一个严重缺水的村社组织。为了方便管理,共同用水,《水册》成为用水村庄共同遵守的规章制度。虽然其诞生年代已无从考证,但是作为水权凭证,它记录了村民与干旱斗争的智慧,长久地维系了村庄的存续。

2. 安徽徽州"四水归堂"集水一方

江南水乡的住宅往往是临水而建,除了供洗濯、汲水和上下船的实际用途,更包含了"水生财气"的风水观念。安徽徽州一带的民居,尤其讲究"四水归堂"。意思是让四面屋坡上的水都流入中间的厅堂(天井),下有水道流入田中;或在天井中放置水缸,收集雨水用于洗涤、浇灌或消防。"四水归堂"含有"肥水不流外人田"的民俗心理,实际达到了充分利用水资源的效果。

3. 新疆维吾尔族的"清泉节"

在新疆伊吾县下马崖乡,每年 6 月 9 日被定为"清泉节"。这一天,人们相约清理泉眼、疏通渠道,更推出"节水爱水,利国富民"等主题活动。已有百余年历史的"清泉节",是全国唯一的乡级以水资源保护利用为关注重点的地方性民间传统节日,于 2007 年列入新疆维吾尔自治区非物质文化遗产名录。随着时代的变迁,"清泉节"理念的宣传又将文化旅游、"双拥"建设与水资源保护利用融为一体。

89 什么是水生态文明？

水生态文明是指人类遵循人水和谐理念,以实现水资源可持续利用,支撑经济社会和谐发展,保障生态系统良性循环为主体的人水和谐文化伦理形态,是生态文明的重要部分和基础内容。

当前我国水资源面临的形势十分严峻,水资源短缺问题日益突出,已成为制约经济社会可持续发展的主要瓶颈。水资源节约是解决水资源短缺的重要之举,是构建人水和谐的生态文明局面的重要措施。十八大报告提出"节约资源是保护生态环境的根本之策""加强水源地保护和用水总量管理,推进水循环利用,建设节水型社会"。可以看出,推进水生态文明建设的重点工作是厉行水资源节约,构建一个节水型社会。这是建设水生态文明的重中之重。

90 什么是节水"三同时,四到位"？

根据国发〔2000〕36号《国务院关于加强城市供水节水和水污染防治工作的通知》要求,城市节约用水要做到"三同时,四到位",即建设项目的主体工程与节水措施同时设计、同时施工、同时投产使用;取水用水单位必须做到用水计划到位、节水目标到位、节水措施到位、管水制度到位。

91 什么是全国城市节水宣传周？

为了提高城市居民节水意识,从1992年开始,每年5月15日所在的那一周为"全国城市节水宣传周"。宣传周旨在动员广大市民共同关注水资源,营造全社会的节水氛围,树立绿色文明意识、生态环境意识和可持续发展意识。使广大市民在日常生活中养成良好的用水习惯,促进生态环境改善,人与水和谐发展,共同建设碧水家园。

每年各个城市通过开展系列活动,有助于提高全社会对节水工作重要现实意义和长远战略意义的认识;有助于增加投入开发推广应用节水的新工艺、新技术、新器具;有助于提高城市用水的综合利用水平。

92 什么是世界水日、中国水周?

为了唤起公众的水意识,建立一种更为全面的水资源可持续利用的体制和相应的运行机制,1993 年 1 月 18 日,第 47 届联合国大会根据联合国环境与发展大会制定的《21 世纪行动议程》中提出的建议,通过了第 193 号决议,确定自 1993 年起,将每年的 3 月 22 日定为"世界水日",以推动对水资源进行综合性统筹规划和管理,加强水资源保护,解决日益严峻的缺水问题。同时,通过开展广泛的宣传教育活动,增强公众对开发和保护水资源的意识。1988 年《中华人民共和国水法》颁布后,水利部即确定每年的 7 月 1 日至 7 日为"中国水周",考虑到世界水日与中国水周的主旨和内容基本相同,因此从 1994 年开始,把"中国水周"的时间改为每年的 3 月 22 日至 28 日。

93 我国的国家节水标志是什么?

2001 年 3 月 22 日,国家节水标志正式发布。标志着我国从此有了宣传节水和对节水型产品进行标识的专用标志。国家节水标志由水滴、人手和地球变形而成。绿色的圆形代表地球,象征节约用水是保护地球生态的重要措施。标志留白部分像一只手托起一滴水,手是拼音字母 JS 的变形,寓意节水,表示节水需要公众参与,鼓励人们从我做起,人人动手节约每一滴水;手又像一条蜿蜒的河流,象征滴水汇成江河。如图 3 所示为国家节水标志。

图3　国家节水标志

94 **全国节约用水办公室的工作职能有哪些？**

　　全国节约用水办公室的工作职能有：拟订节约用水政策，组织编制并协调实施节约用水规划，组织指导计划用水、节约用水工作；组织实施用水总量控制、用水效率控制、计划用水和定额管理制度；指导和推动节水型社会建设工作；指导城市污水处理回用等非常规水源开发利用工作。

95 **我国主要有哪些节水科技馆？**

　　武汉节水科技馆由武汉市人民政府投资建设，市水务局负责承建，是武汉市两型社会建设成果综合展示区的一个重要组成部分。在开馆当日被武汉市科协命名为武汉市科普教育基地，并已申报全国中小学节水教育社会实践基地。武汉节水科技馆位于汉口江滩二期，张自忠路闸口旁，展馆面积约700 m^3，馆内分为关心、共享、保护、希望4个展区，共有33个展项，从知识、道德、措施、行动4个层面全面阐释人与水和谐发展的关系。

　　天津节水科技馆位于天津市西青区，距市政府直线距离约8 km，交通便利，环境优美。展馆布展面积1 680 m^3，是我国目前规模最大、展示内容最丰富，集宣传和教育为一体的现代化节水科技馆，由序厅和4个相互关联的展区组成，共设置展项200余组，通过融科学性、知识性、趣味性于一体的展览,介绍了水的特性、水情状况及水资源分布、引滦入津、南水北调等调水工程概况、家庭节水用水常识、自来水的生产流程、天津节水工作开展情况、节水技术原理及应用等知识,突出"水是生命之源"的主题。

北京节水展馆是面向社会公众开放的以水的知识和节约用水为主要内容的科普性展馆。展馆作为一项长期普及青少年节水知识的场所,力求使用现代化视听手段,多方面把水的科学知识展现在每一位参观者面前。展馆内包括自来水的由来、人体含水量测试、节水器具展示、雨水利用等几十件类别不同的展品,并有机会提供给参观者亲身参与操作的可能,通过实践使参观者加深对水的了解,进而激发人们对水的应用的研究,以期达到爱水、惜水、科学用水和保护水资源的目的。

96 国家十六字治水方针是什么?如何落实"节水优先"?

"节水优先、空间均衡、系统治理、两手发力",这是习总书记关于保障水安全重要讲话中提出的十六字重要治水方针,习总书记的重要讲话赋予了新时期治水的新内涵、新要求、新任务,为今后强化水治理、保障水安全指明了方向,是做好水利工作的科学指南。节水优先,是针对我国国情水情,总结世界各国发展教训,着眼中华民族永续发展作出的关键选择。空间均衡,是从生态文明建设高度,审视人口经济与资源环境关系,在新型工业化、城镇化和农业现代化进程中做到人与自然和谐的科学路径。系统治理,是立足山水林田湖生命共同体,统筹自然生态各要素,解决我国复杂水问题的根本出路。两手发力,是从水的公共产品属性出发,充分发挥政府作用和市场机制,提高水治理能力的重要保障。

在十六字治水方针中"节水优先"排在首位。我们要把节约用水作为水资源开发、利用、保护、配置、调度的前提,处理好水与经济社会发展的关系,处理好水与生态系统中其他要素的关系,处理好在解决水问题上政府与市场的关系。具体表现在必须在制定经济社会发展规划中把节水摆在优先位置。坚持以水定城、以水定地、以水定人、以水定产，对经济社会发展规模、产业结构和重大建设项目进行合理布局，以高效的水资源利用支撑经济社会可持续发展。必须在思想意识上把节水摆在优先位置。从生存和发展的角度重新审视水资源的重要性和价值，把水当成人类以及所有生物存在的生命资源，充分认识节水的极端重要性。从生存和发展的角度重新审视水资源的重要性和价值，把水当成人类以及所有生物存在的生命资源，充分认识节水的极端重要性。加快推进从供水管理向需水管理转变，从粗放用水方式向集约用水方式转变，从过度开发水资源向主动保护水资源转变。

97　新时代治水矛盾和治水思路有什么变化？

当前，中国特色社会主义进入了新时代，我国社会主要矛盾已经转化为人民日益增长的美好生活需要和不平衡不充分的发展之间的矛盾。治水主要矛盾，已经从人民群众对除水害兴水利的需求与水利工程能力不足的矛盾，转变为人民群众对水资源水生态环境的需求与水利行业监管能力不足的矛盾。

推进新时代水利改革发展，必须积极践行"节水优先、空间均衡、系统治理、两手发力"十六字治水方针，加快转变治水思路和方式，将工作重心转到"水利工程补短板，水利行业强监管"上来。

98　什么是总量控制和定额管理相结合的制度？

我国《水法》第四十七条明确规定"国家对用水实行总量控制和定额管理相结合的制度。"总量控制和定额管理是水资源管理的重要制度，也是节水型社会建设的重要内容、途径和手段。

总量控制的调控对象是用水分配和取水许可，定额管理的实施对象是用水方式和用水效率。总量控制要求用水分配和取水许可的取用水总量在控制范围内，控制和指导着用水的合理分配以及取水许可证的颁发和执行;定额管理要求各个层次、各个行业要使用效率较高的用水方式,满足节水型社会的节水目标。总量控制是用水源头控制,定额管理是用水过程控制。总量控制从用水的源头抓起,只有从源头保证不同层次和行业的用水在控制范围之内,才能保证下一个层次和环节的用水总量不超标;定额管理渗透在用水的过程中,对用水的每个环节都有严格的约束和要求。

总量控制以自然为本,定额控制以人为本。总量控制是在充分考虑水资源条件、水资源承载能力和水环境容量等自然条件的限制下,对不同的地区实行不同的总量控制,定额管理是考虑人们现状的经济收入水平、生活习惯、灌溉方式等人为因素的影响,在综合考虑人为因素影响的基础上制定各个层次和行业的用水定额。

99 《国家节水行动方案》提出了哪些节水目标与重点任务?

2019年4月,国家发展改革委、水利部联合印发了《国家节水行动方案》(以下简称《方案》),是节水工作部署的主要依据,将在今后一段时期指导全国节水工作的开展。

《方案》基于我国国情水情和地区差异,提出了重点行动和深化机制体制改革两方面举措,体现国家意志。重点行动抓大头、抓重点地区、抓关键环节,提高各领域、各行业用水效率,提升全民节水意识;机制体制重改革,强调政策推动和市场机制创新,突出两手发力,强调市场在资源配置中起决定性作用和更好发挥政府作用,激发全社会节水内生动力。

《方案》采用定性与定量相结合的方式,注重近期和远期目标的有机衔接,以全国水资源综合规划、全国水中长期供求规划等为依据,结合31个省级行政区供水、用水、节水等现状,构建节水目标指标体系,提出2020年、2022年和2035年主要目标。目标对"十三五"规划文件节水目标作了衔接,提出到 2020 年,节水政策法规、市场机制、标准体系趋于完善,万元国内生产总值用水量、万元工业增加值用水量较 2015 年分别降低 23% 和 20%,节水效果初步显现;到 2022 年,用水总量控制在"十三五"末的 6 700 亿 m³ 以内,节水型生产和生活方式初步建立;到 2035 年,全国用水总量严格控制在 7 000 亿 m³ 以内,水资源节约和循环利用达到世界先进水平。

针对重点行动及机制体制改革,《方案》确定了 29 项具体任务。在重点行动中,突出对用水量超过 95% 的农业、工业和城镇开展节约集约用水;着重对地下水超采地区、缺水地区以及沿海地区等重点区域用水进行管控。强调体制机制改革,深化水价、水权水市场改革,激发内生动力;结合监督管理,明确责任目标,实行责任追究,力求取得实效。同时,大力推动法治建设,完善财税政策,充分发挥税收促进节水的作用。拓展融资模式,鼓励金融和社会资本进入节水领域。

《方案》提出了"总量强度双控""农业节水增效""工业节水减排""城镇节水降损""重点地区节水开源"和"科技创新引领"六大行动。一是围绕总量强度双控,提出强化指标刚性约束、严格用水全过程管理和强化节水监督考核;二是围绕农业节水增效,提出大力推进高效节水灌溉、优化调整作物种植结构、推广畜牧渔业节水方式和加快推进农村生活节水;三是围绕工业节水减排,提出大力推进工业节水改造、推动高耗水行业节水增效和积极推行水循环梯级利用;四是围绕城镇节水增效,提出构建城镇良性水循环系统、大幅降低供水管网漏损、深入开展公共领域节水和严控高耗水服务业用水;五是围绕重点地区节水开源,提出超采地区地下水总量削减、缺水地区加强非常规水利用和沿海地区充分利用海水;六是围绕科技创新引领,提出加快关键技术装备研发、促进节水技术成果转化推广和推动技术成果产业化。

从政策和市场的角度出发,提出了政策制度推动和市场机制

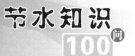

创新。一是提出全面深化水价改革、推动水资源税改革、加强用水计量统计、强化节水监督管理和健全节水标准体系;二是提出推进水权水市场改革、推行水效标识建设、推动合同节水管理、实施水效领跑和节水认证。

100 如何打好"节约用水攻坚战"?

2019 年,水利部提出要打好节约用水攻坚战,并以此作为节约用水工作的突破口,如何打好这场节水攻坚战? 全国节水办提出以下四点:

(1)打好一个基础,制定完善定额标准体系。

力争通过 2 年的努力,建立起覆盖主要农作物、工业产品和服务行业的取用水定额体系;区域和行业节水评价、主要用水产品水效评价以及节水基础管理标准体系;通过 3 年左右的努力,建立健全门类齐全、指标科学、动态更新的节水标准体系。

(2)建立一项机制,建立节水评价机制。

出台规划和建设项目节水评价指导意见,组织编制节水评价技术要求,全面开展节水评价工作,从严叫停节水评价审查不通过的项目,从源头上把好节水关。

(3)打造一个亮点,实施高校合同节水。

会同教育部等部门,制定颁布节水型高校评价标准,通过合同节水引入社会资本加大投入,创建一批节水型高校,既实现提高水资源利用效率的目标,又达到"教育学生、引领家庭、文明社会"的目的。

(4)树立一个标杆,开展水利行业节水机关建设。

计划在 2019 年底前,水利部机关、部直属单位机关、省级水行政主管部门机关,全部建成节水型机关;2020 年底前,县级以上水行政主管部门机关,全面建成节水型机关。以此带动全社会节水。

附　录

附　录

附录1　企业水平衡测试通则(节选)

1　范围

本标准规定了企业水平衡及其测试的方法、程序、结果评估和相关报告书格式。

本标准适用于工业企业,其他用水单位可参照使用。

2　规范性引用文件

下列文件中的条款通过本标准的引用而成为本标准的条款。凡是注日期的引用文件,其随后所有的修改单(不包括勘误的内容)或修订版均不适用于本标准,然而,鼓励根据本标准达成协议的各方研究是否可使用这些文件的最新版本。凡是不注日期的引用文件,其最新版本适用于本标准。

GB/T 18916(所有部分)取水定额

GB/T 7119　节水型企业评价导则

3　术语和定义

下列术语和定义适用于本标准。

3.1　企业水平衡 water balance in enterprise

以企业为考察对象的水量平衡,即该企业各用水单元或系统的输入水量之和应等于输出水量之和。

3.2　**水平衡测试** water balance test

　　对用水单元和用水系统的水量进行系统的测试、统计、分析得出水量平衡关系的过程。

3.3　**新水量** quantity of first used water

　　企业内用水单元或系统取自任何水源被该企业第一次利用的水量。

3.4　**用水量** quantity of water usage

　　在确定的用水单元或系统内,使用的各种水量的总和,即新水量和重复利用水量之和。

3.5　**循环水量** quantity of recirculating water

　　在确定的用水单元或系统内,生产过程中已用过的水,再循环用于同一过程的水量。

3.6　**串联水量** quantity of series water

　　在确定的用水单元或系统内,生产过程中产生的或使用后的水量,再用于另一单元或系统的水量。

3.7　**重复利用水量** quantity of water recycle

　　在确定的用水单元或系统内,使用的所有未经处理和处理后重复使用的水量的总和,即循环水量和串联水量的总和。

3.8　**耗水量** quantity of water consumption

　　在确定的用水单元或系统内,生产过程中进入产品、蒸发、飞溅、携带及生活饮用等所消耗的水量。

3.9　**排水量** quantity of water drainage

　　对于确定的用水单元或系统,完成生产过程和生产活动之后排出企业之外以及排出该单元进入污水系统的水量。

3.10　**回用水量** quantity of reused water

　　企业产生的排水,直接或经处理后再利用于某一用水单元或系统的水量。

3.11　**漏失水量** quantity of water leakage

　　企业供水及用水管网和用水设备漏失的水量。

3.12　取水量 quantity of water intake

工业企业直接取自地表水、地下水和城镇供水工程以及企业从市场购得的其他水或水的产品的总量。

4　用水分类

4.1　企业用水按其生产过程可分为主要生产用水、辅助生产用水、附属生产用水,不包括居民生活用水、外供水、基建用水。具体分类方法见附录图1。

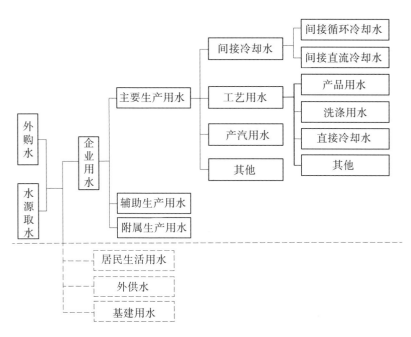

附录图1　企业用水分类示意图

4.2　主要生产用水

主要生产用水是指主要生产系统(主要生产装置、设备)的用水;辅助生产用水是指为主要生产系统服务的辅助生产系统(包括工业水净化单元、软化水处理单元、水汽车间、循环水场、机修、空压站、污水处理场、贮运、鼓风机站、氧气站、电修、检化验等）的用水；附属生产用水是指在厂区内，为生产服务的各种服务、生活系统（如厂办公楼、科研楼、厂内食堂、厂内浴室、保健站、绿化、汽车队等）的用水。

5 企业用水技术档案

5.1 企业应建立用水技术档案，其内容包括：

（1）用水节水的相关规章、制度；

（2）各种水源（自来水、地下水、地表水及其他水源）的水量、水质和水温参数；

（3）供水、排水管网图；

（4）水表配备系统图；

（5）供水、用水、排水日常记录台账及相关汇总表格；

（6）近年用水节水技术改造情况；

（7）近年的水平衡测试文件。

5.2 企业用水技术档案应完整、内容真实和详尽。

5.3 企业应由专人对用水技术档案进行管理，并对档案进行不断更新。

5.4 企业应完备企业生产技术档案，包括人员、设备、产品、规模、产量、产值等。

6 水平衡图示与水平衡方程式

以水的流向表示进入（输入）和排出（输出）生产单元或系统的水量，与其化学成分和物理状态无关。水平衡基本图示见附录图 2。

输入表达式：

$$V_{cy} + V_f + V_s = V_t \tag{1}$$

输出表达式：

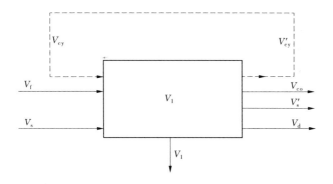

附录图 2 水平衡基本图示

$$V_t = V'_{cy} + V_{co} + V_d + V_l + V_s \qquad (2)$$

输入输出平衡方程式:

$$V_{cy} + V_f + V_s = V'_{cy} + V_{co} + V_d + V_l + V'_s \qquad (3)$$

式中 V_{cy}、V'_{cy}——循环水量,单位为立方米(m^3);

$\qquad V_f$——新水量,单位为立方米(m^3);

$\qquad V_s$、V'_s——串联水量,单位为立方米(m^3);

$\qquad V_t$——用水量,单位为立方米(m^3);

$\qquad V_{co}$——耗水量,单位为立方米(m^3);

$\qquad V_d$——排水量,单位为立方米(m^3);

$\qquad V_l$——漏失水量,单位为立方米(m^3)。

7 水量测试方法

7.1 用水单元的划分

根据生产流程或供水管路等特点,把具有相对独立性的生产工序、装置(设备)或生产车间、部门等,划分为若干个用水系统(单元),即水平衡测试的子系统。

7.2 测试水量的时段选取

选取生产运行稳定的、有代表性的时段,每次连续测试时间为 48 ~ 72 h, 每 24 h 记录一次, 共取 3 ~ 4 次测试数据。

7.3   测试参数

7.3.1   水量参数

需要测试的水量参数有新水量 V_f、循环水量 V_{cy}(V'_{cy})、串联水量 V_s(V'_s)、耗水量 V_{co}、排水量 V_d 和漏失水量 V_1。

7.3.2   水质参数

企业主要用水点和排水点的水质测试, 应根据本地区和企业具体情况确定。

7.3.3   水温参数

应测定循环水进出口及对水温有要求的串联水的控制点的水温。

7.4   漏失水量的测定

7.4.1   对于有条件停水的系统或单元, 可选择适当的时间, 如公休日等, 关闭全部用水阀门, 若水表继续走动, 则表明管网有漏水, 水表的读数可近似认为是该区的漏失水量。

7.4.2   采用容积法或现场安装超声波流量计等方法对全部水表进行校验, 当二级水表的计量率为 100% 时, 一级水表计量数值与二级水表计量数值之差即为漏失水量。

7.4.3   当无条件对全部水表进行校验时, 当二级水表的计量率为 100% 时, 一级水表计量数值与二级水表计量数值大于 3% ~ 5% 时, 可近似认为其大于部分为该区的漏失水量, 具体取值依据水表校验情况而定。

7.4.4   对可能漏水的部位进行检查, 及时维修。确保用水系统无异常泄漏以后, 进行水平衡测试。

7.5   其他水量数值的获得方法

7.5.1   对于用水档案齐全, 有稳定、可靠的水表、电磁流量计、孔板流量计、涡接流量计等计量资料并记录完整的用水系统, 可以通过对历史数据的统计分析得到水量数值。

7.5.2   对于用水定额稳定、运行可靠的用水设备, 可采用设备的用水定额值。

7.5.3 实测水量可以采用水表计量、容积法、流速法、堰测法以及便携超声波流量计等方法测定。

8 企业水平衡测试程序

8.1 企业水平衡测试包括四个阶段:准备阶段、实测阶段、汇总阶段、分析阶段,具体步骤见附录图3。

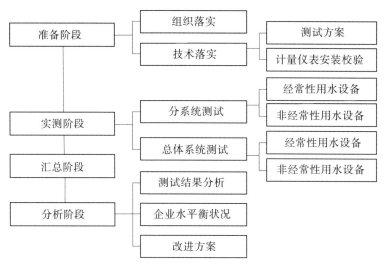

附录图3 水平衡测试工作程序框图

8.2 测试准备

8.2.1 制定企业水平衡测试方案。

8.2.2 查清测试系统中各用水环节、用水工艺及用水设备的基础情况。

8.2.2.1 备齐水表、流量计、温度表、秒表等测量工具,按照测试方案安装、校验计量仪表。

8.2.2.2 检查全厂各供水点及用水点的水表配备率及水表计量率。

8.2.2.3 水计量器具的配备要求应符合国家相应的法律法规或技术规范。

8.2.3 提取企业用水技术档案,编制各种记录和统计空白表单。

8.2.3.1 企业水平衡的记录和统计主要表格。

8.2.3.2 各行业、各企业可以根据其用水的不同工艺和流程,编制符合自身用水特点的各种记录和统计表单,但记录和统计表单应能全面、真实反映企业的用水情况。

8.2.4 绘制用水流程图

8.2.4.1 根据企业用水管网图和用水工艺,绘制出企业内用水流程图,包括企业层次的、车间或用水系统层次的、重要装置或设备(用水量大或取新水量大)层次的用水流程图。

8.2.4.2 在用水量测试时,如发现用水流程图和实际情况不符,应对用水流程图进行及时修正和调整。

8.2.5 根据生产档案,整理、填写和校验企业取水水源情况表、企业生产情况统计表、全厂计量水表配备情况等基础表格。

8.3 实施测试工作

8.3.1 水源取水测试

测试水源日取水量、水压、水温、水质参数。

8.3.2 进行各水量的测试。

8.4 测试数据汇总

8.4.1 填写测试数据

8.4.1.1 以水量为参数,按工艺流程或用水流程顺序逐项填写用水单元水平衡测试表。

8.4.1.2 汇总各生产用水单元水平衡测试表,填写企业水平衡测试统计表以及企业年用水情况表(近3~5年)。

8.4.2 绘制水平衡方框图

8.4.2.1 绘制企业层次、车间或用水系统层次及重要装置和设备的水平衡方框图,各用水单元均用方框表示,方框内写明用水单元的名称,方框之间的相对位置,既要考虑到与实际工艺流程一致,又要考虑到水量分配关系清晰、明了。

8.4.2.2　标注各种水量参数,水流走向用箭头标明。

8.4.2.3　水平衡方框图中的用水单元的名称、数量、水量等数值以及用水的分类要与测试数据及其汇总数据对应一致。

8.5　测试结果分析

8.5.1　企业水平衡计算

8.5.1.1　水平衡计算单位应以 m^3/d 计。

8.5.1.2　水平衡计算公式(见公式3)。

8.5.1.3　水平衡计算允许误差应根据不同行业、不同生产规模来确定。

8.5.2　企业水平衡测试后评估及改进措施

8.5.2.1　应依据以下内容,对水平衡测试过程进行后评估,评估水平衡测试是否科学,其测试数据是否准确,测试结果是否符合实际。

(1)计量仪器仪表安装是否齐全,并保持完好、运转无误;

(2)水平衡测试过程是否进展顺利,各项步骤是否完成无误。

8.5.2.2　根据企业的水平衡测试结果,按 GB/T 18916、GB/T 7119 等标准有关要求,计算本企业内各种用水评价指标,包括单位产品取水量指标、重复利用率、漏失率、排水率、废水回用率、冷却水循环率、冷凝水回用率、达标排放率、非常规水资源替代率等评价指标。

8.5.2.3　根据企业的水平衡测试分析结果,总结经验,提出持续改进方案。

(1)改进和完善企业日常计量统计制度和方法,提高用水计量统计的精度;

(2)分析测算相关节水改造项目的节水效益和成本;

(3)与同类企业的水平进行比对或对标自检,挖掘企业内节水潜力;

(4)提出企业取水、用水、排水、节水的改进措施。

9 企业水平衡测试数据的统计

企业水平衡测试数据主要用表格统计,一般应包括以下表格:

(1)企业取水水源情况表;

(2)企业年用水情况表(近3~5年);

(3)企业生产情况统计表;

(4)全厂计量水表配备情况表;

(5)用水单元水平衡测试表;

(6)企业水平衡测试统计表;

(7)企业用水分析表。

附录 2 节水型企业评价导则

1 范围

本标准规定节水型企业的相关术语和定义、计算方法、评价指标体系建立的原则、评价指标体系、考核要求和评价程序。

本标准适用于工业企业的节水评价工作,其他企业节水评价工作可参照本标准。

2 规范性引用文件

下列文件中的条款通过本标准的引用而成为本标准的条款。凡是注日期的引用文件,其随后所有的修改单(不包括勘误的内容)或修订版均不适用于本标准,然而,鼓励根据本标准达成协议的各方研究是否可使用这些文件的最新版本。凡是不注日期的引用文件,其最新版本适用于本标准。

GB/T 4754   国民经济行业分类

GB 8978   污水综合排放标准

GB/T 12452   企业水平衡与测试通则

GB/T 18820   工业企业产品取水定额编制通则

GB/T 18916   (所有部分)取水定额

3 术语和定义

GB/T 18820 确立的以及下列术语和定义适用于本标准。

3.1 节水型企业 water saving enterprises

采用先进适用的管理措施和节水技术,经评价用水效率达到国内同行业先进水平的企业。

3.2 节水技术 water saving techniques

可以提高水利用效率和效益,减少用水损失,能替代常规水资源等技术,包括直接节水技术和间接节水技术。

3.3　节水型设备　water saving equipment

在使用中与同类设备或完成相同功能的设备相比,具备可提高水的利用效率、或防止水漏失、或能替代常规水资源等特性的设备(包括产品、器具、材料和仪器仪表等)。

注:节水型设备应符合有关节水的技术标准或被列入国家相关节水产品鼓励目录。

3.4　取水量　quantity of water intake

企业从各种水源提取的水量。

注:取水量,包括取自地表水(以净水厂供水计量)、地下水、城镇供水工程,以及企业从市场购得的其他水或水的产品(如蒸汽、热水、地热水等),不包括企业自取的海水和苦咸水等以及企业为外供给市场的水的产品(如蒸汽、热水、地热水等)而取用的水量。

3.5　用水量　quantity of water usage

企业的生产过程中所使用的各种水量的总和,用水量为取水量和重复利用水量之和。

注:企业生产的用水量,包括主要生产用水、辅助生产(包括机修、运输、空压站等)用水和附属生产(包括绿化、浴室、食堂、厕所、保健站等)用水。

3.6　重复利用水量　quantity of recycled water

企业内部用水中,所有未经处理或经处理后重复使用的水量的总和。

3.7　冷却水循环量　recycling volume of cooling water

冷却水中,循环利用的水量,为直接冷却水循环量和间接水循环量之和。

3.8　蒸汽冷凝水回用量　reused volume of condensed steam

蒸汽冷凝水回用于企业用水单元(设备)的水量。

3.9　漏失水量　quantity of water leak and loss

企业内供水及用水管网和用水设备漏失的水量。

3.10 非常规水资源 unconventional water resources

地表水和地下水之外的其他水资源,包括海水、苦咸水、矿井水和城镇污水再生水等。

4 评价指标体系建立的原则

4.1 节水型企业评价指标体系应该能够科学、有效地考核企业用水、节水情况。包括以下几点:

(1)是否符合国家供水、取水、用水、排水方面的法律法规、政策和技术标准;

(2)是否符合资源合理配置、环境保护和可持续发展的基本要求;

(3)是否具备完备、适用的用水管理制度和措施;

(4)是否采用先进的节水工艺、技术、设备和器具;

(5)用水效率和效益的高低;

(6)开发和使用非常规水资源的状况。

4.2 考虑不同行业、不同产品生产用水特点,以及地区各种水资源的禀赋差异。

4.3 对不同类型企业应具有一定的通用性,同行业的企业之间应具有较好的可比性。

4.4 应具有可操作性,统计计量方便,便于考核。

5 评价指标体系

5.1 节水型企业评价指标体系包括基本要求、管理考核指标和技术考核指标。

5.2 基本要求见6.1。

5.3 管理考核指标主要考核企业的用水管理和计量管理等,包括管理制度、管理人员、供水管网和用水设备管理、水计量管理和计量设备等。节水型企业的管理考核指标见附录表1。附录表1中各项指标为必考指标。

附录表 1 节水型企业的管理考核指标及要求

考核内容	考核指标及要求
管理制度	有节约用水的具体管理制度； 管理制度系统、科学、适用、有效； 计量统计制度健全、有效
管理人员	有负责用水、节水管理的人员,岗位职责明确
管网(设备)管理	有近期完整的管网图,定期对用水管道、设备等进行检修
水计量管理	具备依据 GB/T 12452 要求进行水平衡测试的能力或定期开展水平衡测试； 原始记录和统计台账完整,按照规范完成统计报表
计量设备	企业总取水,以及非常规水资源的水表计量率为 100%； 企业内主要单元的水表计量率≥90%； 重点设备或者各重复利用用水系统的水表计量率≥85%； 水表的精确度不低于±2.5%

5.4 技术考核指标主要考核企业取水、用水、排水以及利用非常规水资源等 4 个方面。依据不同行业取水、用水、节水的特点,选择不同的考核内容和技术指标见附录表 2。

附录表 2　节水型企业的技术考核指标

考核内容	技术指标
取水量	单位产品取水量
	万元增加值取水量
重复利用	重复利用率
	直接冷却水循环率
	间接冷却水循环率
	冷凝水回用率
	废水回用率
用水漏损	用水综合漏失率
排水	达标排放率
非常规水资源利用	非常规水资源替代率

5.5　节水型企业技术考核指标的计算方法见附录 A。

6　考核要求

6.1　节水型企业必须满足以下基本要求

（1）企业在新建、改建和扩建项目时应实施节水的"三同时、四到位"制度。"三同时"即工业节水设施必须与工业主体工程同时设计、同时施工、同时投入运行；"四到位"即工业企业要做到用水计划到位、节水目标到位、管水制度到位、节水措施到位；

（2）严格执行国家相关取水许可制度,开采城市地下水应符合相关规定；

（3）生活用水和生产用水分开计量,生活用水没有包费制；

（4）蒸汽冷凝水进行回用,间接冷却水和直接冷却水应重复使用；

（5）具有完善的水平衡测试系统,水计量装置完备；

（6）企业排水实行清污分流,排水符合 GB 8978 的规定,不对含有重金属和生物难以降解的有机工业废水进行稀释排放；

（7）没有使用国家明令淘汰的用水设备和器具的。

6.2 管理考核指标应满足表1所列的要求。

6.3 技术考核指标的考核要求应满足以下要求

（1）单位产品取水量应达到本行业先进水平，并达到 GB/T 18916 所有部分的要求；

（2）重复利用、用水漏损、排水等方面的技术考核指标应达到本行业先进水平；非常规水资源替代率应根据行业先进水平和不同地区水资源的禀赋差异具体确定；

（3）技术考核指标的行业先进水平，应根据行业内用水效率和节水潜力等具体确定。

6.4 节水型企业的评价程序可参考附录 B。

附录 A
（规范性附录）
节水型企业技术评价指标的计算方法

A.1 单位产品取水量

单位产品取水量按式（A.1）计算：

$$V_{ui} = \frac{V_i}{Q} \qquad (A-1)$$

式中：V_{ui}——单位产品取水量，单位为立方米每单位产品；

V_i——在一定的计量时间内，企业的取水量，单位为立方米（m^3）；

Q——在一定计量时间内的产品产量。

A.2 万元工业增加值取水量

万元工业增加值取水量按式（A-2）计算：

$$V_{vai} = \frac{V_i}{VA} \qquad (A-2)$$

式中: V_{vai}——万元工业增加值取水量,单位为立方米每万元;

$\quad\quad V_i$——在一定的计量时间内,企业的取水量,单位为立方米(m^3);

$\quad\quad VA$——在一定计量时间内的工业增加值,单位为万元。

A.3　重复利用率

重复利用率按式(A-3)计算:

$$R = \frac{V_r}{V_i + V_r} \quad\quad\quad (A\text{-}3)$$

式中: R——重复利用率,%;

$\quad\quad V_r$——在一定的计量时间内,企业的重复利用水量,单位为立方米(m^3);

$\quad\quad V_i$——在一定的计量时间内,企业的取水量,单位为立方米(m^3)。

A.4　直接冷却水循环率

直接冷却水循环率按式(A-4)计算:

$$R_d = \frac{V_{dr}}{V_{dr} + V_{df}} \times 100 \quad\quad\quad (A\text{-}4)$$

式中: R_d——直接冷却水循环率,%;

$\quad\quad V_{dr}$——直接冷却水循环量,单位为立方米每小时(m^3/h);

$\quad\quad V_{df}$——直接冷却水循环系统补充水量,单位为立方米每小时(m^3/h)。

A.5　间接冷却水循环率

间接冷却水循环率按式(A-5)计算:

$$R_c = \frac{V_{cr}}{V_{cr} + V_{cf}} \times 100 \quad\quad\quad (A\text{-}5)$$

式中: R_c——间接冷却水循环率,%;

$\quad\quad V_{cr}$——间接冷却水循环量,单位为立方米每小时(m^3/h);

$\quad\quad V_{cf}$——间接冷却水循环系统补充水量,单位为立方米每小时(m^3/h)。

A.6 蒸汽冷凝水回用率

蒸汽冷凝水回用率按式(A-6)计算:

$$R_b = \frac{V_{br}}{D} \times \rho \times 100 \qquad (A-6)$$

式中:R_b——蒸汽冷凝水回用率,%;

    V_{br}——蒸汽冷凝水回用量,单位为立方米每小时(m^3/h);

    D——产汽设备的产汽量,单位为吨每小时(t/h);

    ρ——蒸汽体积质量,单位为吨每立方米(t/m^3)。

注:V_{br}、ρ 均指在标准状态下。

A.7 废水回用率

废水回用率按式(A-7)计算:

$$K_w = \frac{V_w}{V_d + V_w} \times 100 \qquad (A-7)$$

式中:K_w——废水回用率,%;

    V_w——在一定的计量时间内,企业对外排废水自行处理后的回用水量,单位为立方米(m^3);

    V_d——在一定的计量时间内,企业向外排放的废水量,单位为立方米(m^3)。

A.8 非常规水资源替代率

非常规水资源替代率按式(A-8)计算:

$$K_b = \frac{V_{ih}}{V_i + V_{ih}} \times 100 \qquad (A-8)$$

式中:K_b——非常规水资源替代率,%;

    V_{ih}——在一定的计量时间内,非常规水资源所替代的取水量,单位为立方米(m^3);

    V_i——在一定的计量时间内,企业的取水量,单位为立方米(m^3)。

A.9 用水综合漏失率

用水综合漏失率按式(A-9)计算:

$$K_l = \frac{V_l}{V_i} \times 100 \qquad (\text{A-9})$$

式中:K_l——用水综合漏失率,%;

　　V_l——在一定的计量时间内,企业的漏失水量,单位为立方米(m^3);

　　V_i——在一定的计量时间内,企业的取水量,单位为立方米(m^3)。

A.10　达标排放率

达标排放率按式(A-10)计算:

$$K_p = \frac{V'_p}{V_p} \times 100 \qquad (\text{A-10})$$

式中:K_p——达标排放率,%;

　　V'_p——在一定的计量时间内,企业的达到排放标准的排水量,单位为立方米(m^3);

　　V_p——在一定的计量时间内,企业的排水量,单位为立方米(m^3)。

A.11　水表计量率

水表计量率按式(A-11)计算:

$$K_m = \frac{V_{mi}}{V_i} \times 100 \qquad (\text{A-11})$$

式中:K_m——水表计量率,%;

　　V_{mi}——在一定的计量时间内,企业或企业内各层次用水单元的水表计量的用(或取)水量,单位为(m^3);

　　V_i——在一定的计量时间内,企业或企业内各层次用水单元的用(或取)水量,单位为立方米(m^3)。

注:一般应计算以下取水、用水的水表计量率:入厂的取水量、非常规水资源用水量、企业内主要用水单元以及重点用水设备或系统的用水量,特别是循环用水系统、串联用水系统、外排废水回用系统的用水量。

附录 B
（资料性附录）
节水型企业的评价程序

B.1　建立专家评审小组，负责开展节水型企业的评价工作。

B.2　工业企业按行业进行节水型评价工作；对工业企业的行业分类依据 GB/T 4754。

B.3　根据各行业不同特点，依据本标准第 5、6 章，确定各行业的技术考核指标及其要求。

B.4　查看报告文件、统计报表、原始记录；根据实际情况，开展对相关人员的座谈、实地调查、抽样调查等工作，确保数据完整和准确。

B.5　对资料进行分析，考核企业是否满足以下要求：

　　a) 基本要求；

　　b) 管理考核指标要求；

　　c) 技术考核指标要求。

B.6　对企业是否满足考核指标要求应进行综合评审。如企业满足所有考核要求，企业可被认定为节水型企业。

附录3　国家节水型城市考核标准

一、基本条件

（一）法规制度健全。具有本级人大或政府颁发的有关城市节水管理方面的法规、规范性文件,具有健全的城市节水管理制度和长效机制,有污水排入排水管网许可制度实施办法。

（二）城市节水机构依法履责。城市节水管理机构职责明确,能够依法履行对供水、用水单位进行全面的节水监督检查、指导管理,以及组织城市节水技术与产品推广等职责。

（三）建立城市节水统计制度。实行规范的城市节水统计制度,按照国家节水统计的要求,建立科学合理的城市节水统计指标体系,定期上报本市节水统计报表。

（四）建立节水财政投入制度。有稳定的年度政府节水财政投入,能够确保节水基础管理、节水技术推广、节水设施建设与改造、节水型器具普及、节水宣传教育等活动的开展。

（五）全面开展创建活动。成立创建工作领导小组,制定和实施创建工作计划;全面开展节水型企业、单位及居民小区等创建活动;通过省级节水型城市评估考核满一年(含)以上;广泛开展节水宣传日(周)及日常城市节水宣传活动。

上述五项基本条件是申报国家节水型城市必备条件。

二、基础管理指标

（六）城市节水规划。有经本级政府或上级政府主管部门批准的城市节水中长期规划,节水规划需由具有相应资质的专业机构编制。

（七）海绵城市建设。编制完成海绵城市建设规划,在城市规划建设及管理各个环节落实海绵城市理念,已建成海绵城市的区域内无易涝点。

(八)城市节水资金投入。城市节水财政投入占本级财政支出的比例≥0.5‰,城市节水资金投入占本级财政支出的比例≥1‰。

(九)计划用水与定额管理。在建立科学合理用水定额的基础上,对公共供水的非居民用水单位实行计划用水与定额管理,超定额累进加价。公共供水的非居民用水计划用水率不低于90%。建立用水单位重点监控名录,强化用水监控管理。

(十)自备水管理。实行取水许可制度;严格自备水管理,自备水计划用水率不低于90%;城市公共供水管网覆盖范围内的自备井关停率达100%。在地下水超采区,禁止各类建设项目和服务业新增取用地下水。

(十一)节水"三同时"管理。使用公共供水和自备水的新建、改建、扩建工程项目,均必须配套建设节水设施和使用节水型器具,并与主体工程同时设计、同时施工、同时投入使用。

(十二)价格管理。取用地表水和地下水,均应征收水资源费(税)、污水处理费;水资源费(税)征收率不低于95%,污水处理费(含自备水)收缴率不低于95%,收费标准不低于国家或地方标准。有限制特种行业用水、鼓励使用再生水的价格指导意见或标准。建立供水企业水价调整成本公开和定价成本监审公开制度。居民用水实行阶梯水价。

三、技术考核指标

综合节水指标

(十三)万元地区生产总值(GDP)用水量(单位:立方米/万元)。低于全国平均值的40%或年降低率≥5%。统计范围为市区,不包括第一产业。

(十四)城市非常规水资源利用。京津冀区域,再生水利用率≥30%;缺水城市,再生水利用率≥20%;其他地区,城市非常规水资源替代率≥20%或年增长率≥5%。

（十五）城市供水管网漏损率。制定供水管网漏损控制计划，通过实施供水管网分区计量管理、老旧管网改造等措施控制管网漏损。城市公共供水管网漏损率≤10%。考核范围为城市公共供水。

生活节水指标

（十六）节水型居民小区覆盖率。≥10%。

（十七）节水型单位覆盖率。≥10%。

（十八）城市居民生活用水量［单位：升/（人·日）］。不高于《城市居民生活用水量标准》（GB/T 50331）的指标。

（十九）节水型器具普及。禁止生产、销售不符合节水标准的用水器具；定期开展用水器具检查，生活用水器具市场抽检覆盖率达80%以上，市场抽检在售用水器具中节水型器具占比100%；公共建筑节水型器具普及率达100%。鼓励居民家庭淘汰和更换非节水型器具。

（二十）特种行业用水计量收费率。达到100%。

工业节水指标

（二十一）万元工业增加值用水量（单位：立方米/万元）。低于全国平均值的50%或年降低率≥5%。统计范围为市区规模以上工业企业。

（二十二）工业用水重复利用率。≥83%（不含电厂）。

（二十三）工业企业单位产品用水量。不大于国家发布的GB/T 18916 定额系列标准或省级部门制定的地方定额。

（二十四）节水型企业覆盖率。≥15%。

环境生态节水指标

（二十五）城市水环境质量。城市水环境质量达标率为100%，建成区范围内无黑臭水体，城市集中式饮用水水源水质达标。

四、名词解释及指标计算公式

1. 考核年限。申报或复查年之前 2 年为考核年限。

2. 考核范围。各指标除注明外,考核范围均为市区,节水型器具普及考核范围是城市建成区。市区是指设市城市本级行政区域,不包括市辖县和市辖市;城市建成区是指城市行政区规划范围内已成片开发建设、市政公用设施和公共设施基本具备的区域。

3. 海绵城市建设专项规划。按照《海绵城市专项规划编制暂行规定》(建规〔2016〕50 号),坚持问题导向和目标导向,达到《国务院办公厅关于推进海绵城市建设的指导意见》(国办发〔2015〕75 号)和有关规定的深度要求的专项规划。

4. 节水财政投入。政府财政资金用于节水宣传、节水奖励、节水科研、节水型器具、节水技术改造、节水技术产品推广、非常规水资源(再生水、雨水、海水等)利用设施建设,以及公共节水设施建设与改造(不含城市供水管网建设与改造)等的投入。

5. 节水资金投入。政府和社会资金对节水宣传、节水奖励、节水科研、节水型器具、节水技术改造、节水技术产品推广、非常规水资源(再生水、雨水、海水等)利用设施建设,以及公共节水设施建设与改造(不含城市供水管网建设与改造)等的投入总计。

6. 城市公共供水。城市自来水供水企业以公共供水管道及其附属设施向居民和单位的生活、生产和其他各类建筑提供用水。

7. 公共供水的非居民用水计划用水率。城市公共供水中,节水管理部门或城市节水管理机构制定下达用水计划的非居民用水单位实际用水量与非居民用水单位用水总量的比值。

计算公式:(已下达用水计划的公共供水非居民用水单位实际用水量÷公共供水非居民用水单位的用水总量)×100%

8. 自备水计划用水率。自备水用水中,节水管理部门或城市节水机构制定下达用水计划的自备水用水户的实际用水量与自备水用水总量的比值。

计算公式:[已下达用水计划的自备水用水户的实际用水量（新水量）÷自备水用水总量（新水量）]×100%

9.自备井关停率。城市公共供水管网覆盖范围内,已经关停的自备井数量与该区域中自备井总数的比值。

计算公式:(城市公共供水管网覆盖范围内关停的自备井数÷城市公共供水管网覆盖范围内的自备井总数)×100%

10.水资源费(税)征收率。实收水资源费(税)与应收水资源费(税)的比值,应收水资源费(税)是指不同水源种类及用水类型水资源费(税)标准与其取水量之积的总和。

计算公式:[实收水资源费(税)÷应收水资源费(税)]×100%

11.污水处理费(含自备水)收缴率。实收污水处理费(含自备水)与应收污水处理费(含自备水)的比值,应收污水处理费(含自备水)是指各类用户核算污水排放量与其污水处理费收费标准之积的总和。

计算公式:[实收污水处理费(含自备水)÷应收污水处理费(含自备水)]×100%

12.万元地区生产总值(GDP)用水量。年用水量(按新水量计)与年地区生产总值的比值,不包括第一产业。

计算公式:不包括第一产业的年用水总量÷不包括第一产业的年地区生产总值

13.城市再生水利用率。城市再生水利用总量占污水处理总量的比值。

计算公式:(城市再生水利用量÷城市污水处理总量)×100%

城市再生水利用量是指污水经处理后出水水质符合《城市污水再生利用》系列标准等相应水质标准的再生水,包括城市污水处理厂再生水和建筑中水用于工业生产、景观环境、市政杂用、绿化、车辆冲洗、建筑施工等方面的水量,不包括工业企业内部的回用水。鼓励结合黑臭水体整治和水生态修复,推进污水再生利用。

14. 城市非常规水资源替代率。再生水、海水、雨水、矿井水、苦咸水等非常规水资源利用总量与城市用水总量(新水量)的比值。

计算公式:[非常规水资源利用总量÷城市用水总量(新水量)]×100%

城市雨水利用量是指经工程化收集与处理后达到相应水质标准的回用雨水量,包括回用于工业生产、生态景观、市政杂用、绿化、车辆冲洗、建筑施工等方面的水量。

建筑与小区雨水回用量参照《民用建筑节水设计标准》(GB 50555)、《建筑与小区雨水控制及利用工程技术规范》(GB 50400)计算。

城市海水、矿井水、苦咸水利用量是指经处理后出水水质达到国家或地方相应水质标准并利用的海水、矿井水、苦咸水,包括回用于工业生产、生态景观、市政杂用、绿化等方面的水量。

用于直流冷却的海水利用量,按其用水量的10%纳入非常规水资源利用总量。

15. 城市供水管网漏损率。城市公共供水总量和城市公共供水注册用户用水量之差与城市公共供水总量的比值,按《城镇供水管网漏损控制及评定标准》(CJJ 92)规定修正核减后的漏损率计。

计算公式:[(城市公共供水总量−城市公共供水注册用户用水量)÷城市公共供水总量]×100%−修正值

城市公共供水注册用户用水量是指水厂将水供出厂外后,各类注册用户实际使用到的水量,包括计费用水量和免费用水量。计费用水量指收费供应的水量,免费用水量指无偿使用的水量。

16.节水型居民小区覆盖率。省级节水型居民小区或社区居民户数与城市居民总户数的比值。省级节水型居民小区是指达到省级节水型居民小区评价办法或标准要求,由省级主管部门会同有关部门公布的小区。

计算公式:(省级节水型居民小区或社区居民户数÷城市居民总户数)×100%

17.节水型单位覆盖率。省级节水型单位年用水量之和与城市非居民、非工业单位年用水总量的比值,按新水量计。省级节水型单位是指达到省级节水型单位评价办法或标准要求,由省级主管部门会同有关部门公布的非居民、非工业用水单位。

计算公式:{省级节水型单位年用水总量(新水量)÷[年城市用水总量(新水量)－年城市工业用水总量(新水量)－年城市居民生活用水量(新水量)]}×100%

18.城市居民生活用水量。城市居民家庭年平均日常生活使用的水量,包括使用公共供水设施或自建供水设施供水的量。

计算公式:城市居民家庭生活用水量÷城市用水人口数

19.生活用水器具市场抽检覆盖率。抽检生活用水器具市场的个数占生活用水器具市场总数的比值。生活用水器具市场一般指家居或建材市场。

计算公式:(抽检生活用水器具市场的个数÷生活用水器具的市场总数)×100%

20.公共建筑节水型器具普及率。公共建筑等场所中节水型器具数量与在用用水器具总数的比值(按抽检计算)。

计算公式:(节水型器具数÷在用用水器具总数)×100%

节水型器具是指符合《节水型生活用水器具》(CJ/T 164)标准的用水器具。

21.特种行业用水计量收费率。洗浴、洗车、水上娱乐场、高尔夫球场、滑雪场等特种行业用水单位,用水设表计量并收费的单位数与特种行业单位总数比值。

计算公式:(设表计量并收费的有关特种行业单位数÷有关特种行业单位总数)×100%

22.万元工业增加值用水量。在一定的计量时间(一般为1年)内,城市工业用水量与城市工业增加值的比值,工业用水量按新水量计。

计算公式:年城市工业用水量(新水量)÷年城市工业增加值

工业用水量是指工矿企业在生产过程中用于制造、加工、冷却(包括火电直流冷却)、空调、净化、洗涤等方面的用水量,按新水量计,不包括企业内部的重复利用水量。

统计口径为规模以上工业企业,按国家统计局相关规定执行。

23.工业用水重复利用率。在一定的计量时间(一般为1年)内,生产过程中使用的重复利用水量与用水总量的比值。

计算公式:[年工业生产重复利用水量÷(年工业用水新水取水量+年工业生产重复利用水量)]×100%

24.工业企业单位产品用水量。某行业(企业)年生产用水总量与年产品产量的比值,其中用水总量按新水量计,产品产量按产品数量计。

计算公式:某行业(企业)年生产用水总量(新水量)÷某行业(企业)年产品产量(产品数量)

25.节水型企业覆盖率。省级节水型企业年用水量之和与年城市工业用水总量的比值,按新水量计。省级节水型企业是指达到省级节水型企业评价办法或标准要求,由省级主管部门会同有关部门公布的用水企业。

计算公式:[省级节水型企业年用水总量(新水量)÷年城市工业用水总量(新水量)]×100%

26.城市水环境质量达标率。城市辖区地表水环境质量达到相应功能水体要求、市城跨界(市界、省界)断面出境水质达到国家或省考核目标的比例。数据由城市环境监测部门提供。

27. 城市集中式饮用水水源水质达标。当城市集中式饮用水水源为地表水时,水质应达到或优于《地表水环境质量标准》(CB 3838)中基本项目Ⅱ类水质标准及补充项目、特定项目要求;城市集中式饮用水水源为地下水时,水质应达到或优于《地下水质量标准》(GB/T 14848)Ⅲ类水质标准。

注:计算过程中应优先采用《城市统计年鉴》《中国城市建设统计年鉴》或地方其他年鉴等统计数据。

附录4　合同节水管理技术通则(节选)

1　范围

本标准规定了合同节水管理的术语和定义、模式分类、技术要求、合同内容及文本。

本标准适用于合同节水管理项目的实施。

2　规范性引用文件

下列文件对于本文件的应用是必不可少的。凡是注日期的引用文件,仅注日期的版本适用于本文件。凡是不注日期的引用文件,其最新版本(包括所有的修改单)适用于本文件。

GB/T 7119　节水型企业评价导则

GB/T 12452　企业水平衡测试通则

GB 24789　用水单位水计量器具配备和管理通则

GB/T 26719　企业用水统计通则

GB/T 27886　工业企业用水管理导则

GB/T 34148　项目节水量计算导则

GB/T 34147　项目节水评估技术导则

3　术语和定义

GB/T 34148 和 GB/T 34147 所界定的以及下列术语和定义适用于本文件。

3.1　节水服务企业 water services company

供用水诊断、节水项目设计、投资、建设、运行管理等服务的专业化机构。

3.2　合同节水管理 water conservation contracting

节水服务企业与用水单位以契约形式,通过集成先进节水技术为用水单位提供节水改造和管理等服务,获取收益的节水服务机制。

3.3　合同节水管理项目 water conservation contracting project

以合同节水管理机制实施的项目。

4　模式分类

4.1　合同节水管理模式的主要类型:

a)节水效益分享型。节水效益分享型是指节水服务企业和用水单位按照合同约定的节水目标和分成比例收回投资成本、分享节水效益的模式。

b)节水效果保证型。节水效果保证型是指节水服务企业与用水单位签订节水效果保证合同,达到约定节水目标的,用水单位支付节水改造费用;未达到约定节水目标的,由节水服务企业承担合同确定的责任。

c)用水费用托管型。用水费用托管型是指用水单位委托节水服务企业进行供用水系统的运行管理和节水改造,并按照合同约定支付用水托管费用。

合同节水管理模式的选取和采用需要双方根据项目的具体情况协商确定。

5　技术要求

5.1　合同节水管理内容应包括现状用水水平和节水潜力分析、节水基准和目标的确定、节水技术措施(集成)、节水效益分享方式以及节水量计算和评估方法等。

5.2　合同节水管理项目应符合相关法律法规、产业政策以及技术标准的规定。

5.3　现状用水水平和节水潜力分析可按照 GB/T 12452、GB 24789、GB/T 26719、GB/T 27886 及相关标准执行。

5.4　节水基准确定应依据 GB/T 12452、GB/T 34148 执行,并应

得到双方的确认。

5.5　项目节水量计算应依据 GB/T 34148 执行。

5.6　项目节水评估应依据 GB/T 34147、GB/T 7119 及相关标准执行。

6　合同内容及文本

（略）

附录5　国家节水行动方案

为贯彻落实党的十九大精神,大力推动全社会节水,全面提升水资源利用效率,形成节水型生产生活方式,保障国家水安全,促进高质量发展,制定本行动方案。

一、重大意义

水是事关国计民生的基础性自然资源和战略性经济资源,是生态环境的控制性要素。我国人多水少,水资源时空分布不均,供需矛盾突出,全社会节水意识不强、用水粗放、浪费严重,水资源利用效率与国际先进水平存在较大差距,水资源短缺已经成为生态文明建设和经济社会可持续发展的瓶颈制约。要从实现中华民族永续发展和加快生态文明建设的战略高度认识节水的重要性,大力推进农业、工业、城镇等领域节水,深入推动缺水地区节水,提高水资源利用效率,形成全社会节水的良好风尚,以水资源的可持续利用支撑经济社会持续健康发展。

二、总体要求

(一)指导思想

以习近平新时代中国特色社会主义思想为指导,全面贯彻党的十九大和十九届二中、三中全会精神,认真落实党中央、国务院决策部署,统筹推进"五位一体"总体布局和协调推进"四个全面"战略布局,牢固树立和贯彻落实新发展理念,坚持节水优先方针,把节水作为解决我国水资源短缺问题的重要举措,贯穿经济社会发展全过程和各领域,强化水资源承载能力刚性约束,实行水资源消耗总量和强度双控,落实目标责任,聚焦重点领域和缺水地区,实施重大节水工程,加强监督管理,增强全社会节水意识,大力推动节水制度、政策、技术、机制创新,加快推进用水方式由粗放向节约集约转变,提高用水效率,为建设生态文明和美丽中国、实现"两个一百年"奋斗目标奠定坚实基础。

(二)**基本原则**

整体推进、重点突破。优化用水结构,多措并举,在各领域、各地区全面推进水资源高效利用,在地下水超采地区、缺水地区、沿海地区率先突破。

技术引领、产业培育。强化科技支撑,推广先进适用节水技术与工艺,加快成果转化,推进节水技术装备产品研发及产业化,大力培育节水产业。

政策引导、两手发力。建立健全节水政策法规体系,完善市场机制,使市场在资源配置中起决定性作用和更好发挥政府作用,激发全社会节水内生动力。

加强领导、凝聚合力。加强党和政府对节水工作的领导,建立水资源督察和责任追究制度,加大节水宣传教育力度,全面建设节水型社会。

(三)**主要目标**

到 2020 年,节水政策法规、市场机制、标准体系趋于完善,技术支撑能力不断增强,管理机制逐步健全,节水效果初步显现。万元国内生产总值用水量、万元工业增加值用水量较 2015 年分别降低 23% 和 20%,规模以上工业用水重复利用率达到 91% 以上,农田灌溉水有效利用系数提高到 0.55 以上,全国公共供水管网漏损率控制在 10% 以内。

到 2022 年,节水型生产和生活方式初步建立,节水产业初具规模,非常规水利用占比进一步增大,用水效率和效益显著提高,全社会节水意识明显增强。万元国内生产总值用水量、万元工业增加值用水量较 2015 年分别降低 30% 和 28%,农田灌溉水有效利用系数提高到 0.56 以上,全国用水总量控制在 6 700 亿立方米以内。

到 2035 年,形成健全的节水政策法规体系和标准体系、完善的市场调节机制、先进的技术支撑体系,节水护水惜水成为全社会自觉行动,全国用水总量控制在 7 000 亿立方米以内,水资源节约和循环利用达到世界先进水平,形成水资源利用与发展规模、产业结构和空间布局等协调发展的现代化新格局。

三、重点行动

(一)总量强度双控

1. 强化指标刚性约束。严格实行区域流域用水总量和强度控制。健全省、市、县三级行政区域用水总量、用水强度控制指标体系,强化节水约束性指标管理,加快落实主要领域用水指标。划定水资源承载能力地区分类,实施差别化管控措施,建立监测预警机制。水资源超载地区要制定并实施用水总量削减计划。到 2020 年,建立覆盖主要农作物、工业产品和生活服务业的先进用水定额体系。

2. 严格用水全过程管理。严控水资源开发利用强度,完善规划和建设项目水资源论证制度,以水定城、以水定产,合理确定经济布局、结构和规模。2019 年底,出台重大规划水资源论证管理办法。严格实行取水许可制度。加强对重点用水户、特殊用水行业用水户的监督管理。以县域为单元,全面开展节水型社会达标建设。到 2022 年,北方 50% 以上、南方 30% 以上县(区)级行政区达到节水型社会标准。

3. 强化节水监督考核。逐步建立节水目标责任制,将水资源节约和保护的主要指标纳入经济社会发展综合评价体系,实行最严格水资源管理制度考核。完善监督考核工作机制,强化部门协作,严格节水责任追究。严重缺水地区要将节水作为约束性指标纳入政绩考核。到 2020 年,建立国家和省级水资源督察和责任追究制度。

(二)农业节水增效

4. 大力推进节水灌溉。加快灌区续建配套和现代化改造,分区域规模化推进高效节水灌溉。结合高标准农田建设,加大田间节水设施建设力度。开展农业用水精细化管理,科学合理确定灌溉定额,推进灌溉试验及成果转化。推广喷灌、微灌、滴灌、低压管道输水灌溉、集雨补灌、水肥一体化、覆盖保墒等技术。加强农田土壤墒情监测,实现测墒灌溉。2020年前,每年发展高效节水灌溉面积2 000万亩、水肥一体化面积2 000万亩。到2022年,创建150个节水型灌区和100个节水农业示范区。

5.优化调整作物种植结构。根据水资源条件,推进适水种植、量水生产。加快发展旱作农业,实现以旱补水。在干旱缺水地区,适度压减高耗水作物,扩大低耗水和耐旱作物种植比例,选育推广耐旱农作物新品种;在地下水严重超采地区,实施轮作休耕,适度退减灌溉面积,积极发展集雨节灌,增强蓄水保墒能力,严格限制开采深层地下水用于农业灌溉。到2022年,创建一批旱作农业示范区。

6.推广畜牧渔业节水方式。实施规模养殖场节水改造和建设,推行先进适用的节水型畜禽养殖方式,推广节水型饲喂设备、机械干清粪等技术和工艺。发展节水渔业、牧业,大力推进稻渔综合种养,加强牧区草原节水,推广应用海淡水工厂化循环水和池塘工程化循环水等养殖技术。到2022年,建设一批畜牧节水示范工程。

7.加快推进农村生活节水。在实施农村集中供水、污水处理工程和保障饮用水安全基础上,加强农村生活用水设施改造,在有条件的地区推动计量收费。加快村镇生活供水设施及配套管网建设与改造。推进农村"厕所革命",推广使用节水器具,创造良好节水条件。

(三)工业节水减排

8.大力推进工业节水改造。完善供用水计量体系和在线监测系统,强化生产用水管理。大力推广高效冷却、洗涤、循环用水、废污水再生利用、高耗水生产工艺替代等节水工艺和技术。支持企业开展节水技术改造及再生水回用改造,重点企业要定期开展水平衡测试、用水审计及水效对标。对超过取水定额标准的企业分类分步限期实施节水改造。到 2020 年,水资源超载地区年用水量 1 万立方米及以上的工业企业用水计划管理实现全覆盖。

9. 推动高耗水行业节水增效。实施节水管理和改造升级,采用差别水价以及树立节水标杆等措施,促进高耗水企业加强废水深度处理和达标再利用。严格落实主体功能区规划,在生态脆弱、严重缺水和地下水超采地区,严格控制高耗水新建、改建、扩建项目,推进高耗水企业向水资源条件允许的工业园区集中。对采用列入淘汰目录工艺、技术和装备的项目,不予批准取水许可;未按期淘汰的,有关部门和地方政府要依法严格查处。到 2022 年,在火力发电、钢铁、纺织、造纸、石化和化工、食品和发酵等高耗水行业建成一批节水型企业。

10. 积极推行水循环梯级利用。推进现有企业和园区开展以节水为重点内容的绿色高质量转型升级和循环化改造,加快节水及水循环利用设施建设,促进企业间串联用水、分质用水,一水多用和循环利用。新建企业和园区要在规划布局时,统筹供排水、水处理及循环利用设施建设,推动企业间的用水系统集成优化。到 2022 年,创建 100 家节水标杆企业、50 家节水标杆园区。

(四)城镇节水降损

11. 全面推进节水型城市建设。提高城市节水工作系统性,将节水落实到城市规划、建设、管理各环节,实现优水优用、循环循序利用。落实城市节水各项基础管理制度,推进城镇节水改造;结合海绵城市建设,提高雨水资源利用水平;重点抓好污水再生利用设施建设与改造,城市生态景观、工业生产、城市绿化、道路清扫、车辆冲洗和建筑施工等,应当优先使用再生水,提升再生水利用水平,鼓励构建城镇良性水循环系统。到 2020 年,地级及以上缺水城市全部达到国家节水型城市标准。

12. 大幅降低供水管网漏损。加快制定和实施供水管网改造建设实施方案,完善供水管网检漏制度。加强公共供水系统运行监督管理,推进城镇供水管网分区计量管理,建立精细化管理平台和漏损管控体系,协同推进二次供水设施改造和专业化管理。重点推动东北等管网高漏损地区的节水改造。到2020年,在100个城市开展城市供水管网分区计量管理。

13. 深入开展公共领域节水。缺水城市园林绿化宜选用适合本地区的节水耐旱型植被,采用喷灌、微灌等节水灌溉方式。公共机构要开展供水管网、绿化浇灌系统等节水诊断,推广应用节水新技术、新工艺和新产品,提高节水器具使用率。大力推广绿色建筑,新建公共建筑必须安装节水器具。推动城镇居民家庭节水,普及推广节水型用水器具。到2022年,中央国家机关及其所属在京公共机构、省直机关及50%以上的省属事业单位建成节水型单位,建成一批具有典型示范意义的节水型高校。

14. 严控高耗水服务业用水。从严控制洗浴、洗车、高尔夫球场、人工滑雪场、洗涤、宾馆等行业用水定额。洗车、高尔夫球场、人工滑雪场等特种行业积极推广循环用水技术、设备与工艺,优先利用再生水、雨水等非常规水源。

(五)重点地区节水开源

15. 在超采地区削减地下水开采量。以华北地区为重点,加快推进地下水超采区综合治理。加快实施新型窖池高效集雨。严格机电井管理,限期关闭未经批准和公共供水管网覆盖范围内的自备水井。完善地下水监测网络,超采区内禁止工农业及服务业新增取用地下水。采取强化节水、置换水源、禁采限采、关井压田等措施,压减地下水开采量。到2022年,京津冀地区城镇力争全面实现采补平衡。

16. 在缺水地区加强非常规水利用。加强再生水、海水、雨水、矿井水和苦咸水等非常规水多元、梯级和安全利用。强制推动非常规水纳入水资源统一配置,逐年提高非常规水利用比例,并严格考核。统筹利用好再生水、雨水、微咸水等用于农业灌溉和生态景观。新建小区、城市道路、公共绿地等因地制宜配套建设雨水集蓄利用设施。严禁盲目扩大景观、娱乐水域面积,生态用水优先使用非常规水,具备使用非常规水条件但未充分利用的建设项目不得批准其新增取水许可。到 2020 年,缺水城市再生水利用率达到 20% 以上。到 2022 年,缺水城市非常规水利用占比平均提高 2 个百分点。

17. 在沿海地区充分利用海水。高耗水行业和工业园区用水要优先利用海水,在离岸有居民海岛实施海水淡化工程。加大海水淡化工程自主技术和装备的推广应用,逐步提高装备国产化率。沿海严重缺水城市可将海水淡化水作为市政新增供水及应急备用的重要水源。

(六)科技创新引领

18. 加快关键技术装备研发。推动节水技术与工艺创新,瞄准世界先进技术,加大节水产品和技术研发,加强大数据、人工智能、区块链等新一代信息技术与节水技术、管理及产品的深度融合。重点支持用水精准计量、水资源高效循环利用、精准节水灌溉控制、管网漏损监测智能化、非常规水利用等先进技术及适用设备研发。

19. 促进节水技术转化推广。建立"政产学研用"深度融合的节水技术创新体系,加快节水科技成果转化,推进节水技术、产品、设备使用示范基地、国家海水利用创新示范基地和节水型社会创新试点建设。鼓励通过信息化手段推广节水产品和技术,拓展节水科技成果及先进节水技术工艺推广渠道,逐步推动节水技术成果市场化。

20. 推动技术成果产业化。鼓励企业加大节水装备及产品研发、设计和生产投入,降低节水技术工艺与装备产品成本,提高节水装备与产品质量,提升中高端品牌的差异化竞争力,构建节水装备及产品的多元化供给体系。发展具有竞争力的第三方节水服务企业,提供社会化、专业化、规范化节水服务,培育节水产业。

到 2022 年,培育一批技术水平高、带动能力强的节水服务企业。

四、深化体制机制改革

(一)政策制度推动

1. 全面深化水价改革。深入推进农业水价综合改革,同步建立农业用水精准补贴。建立健全充分反映供水成本、激励提升供水质量、促进节约用水的城镇供水价格形成机制和动态调整机制,适时完善居民阶梯水价制度,全面推行城镇非居民用水超定额累进加价制度,进一步拉大特种用水与非居民用水的价差。

2. 推动水资源税改革。与水价改革协同推进,探索建立合理的水资源税制度体系,及时总结评估水资源税扩大试点改革经验,科学设置差别化税率体系,加大水资源税改革力度,发挥促进水资源节约的调节作用。

3. 加强用水计量统计。推进取用水计量统计,提高农业灌溉、工业和市政用水计量率。完善农业用水计量设施,配备工业及服务业取用水计量器具,全面实施城镇居民"一户一表"改造。建立节水统计调查和基层用水统计管理制度,加强对农业、工业、生活、生态环境补水四类用水户涉水信息管理。对全国规模以上工业企业用水情况进行统计监测。到 2022 年,大中型灌区渠首和干支渠口门实现取水计量。

4. 强化节水监督管理。严格实行计划用水监督管理。对重点地区、领域、行业、产品进行专项监督检查。实行用水报告制度,鼓励年用水总量超过 10 万立方米的企业或园区设立水务经理。建立倒逼机制,将用水户违规记录纳入全国统一的信用信息共享平台。到 2020 年,建立国家、省、市三级重点监控用水单位名录。到 2022 年,将年用水量 50 万立方米以上的工业和服务业用水单位全部纳入重点监控用水单位名录。

5. 健全节水标准体系。加快农业、工业、城镇以及非常规水利用等各方面节水标准制修订工作。建立健全国家和省级用水定额标准体系,逐步建立节水标准实时跟踪、评估和监督机制。到2022年,节水标准达到200项以上,基本覆盖取水定额、节水型公共机构、节水型企业、产品水效、水利用与处理设备、非常规水利用、水回用等方面。

(二)市场机制创新

6.推进水权水市场改革。推进水资源使用权确权,明确行政区域取用水权益,科学核定取用水户许可水量。探索流域内、地区间、行业间、用水户间等多种形式的水权交易。在满足自身用水情况下,对节约出的水量进行有偿转让。建立农业水权制度。对用水总量达到或超过区域总量控制指标或江河水量分配指标的地区,可通过水权交易解决新增用水需求。加强水权交易监管,规范交易平台建设和运营。

7.推行水效标识建设。对节水潜力大、适用面广的用水产品施行水效标识管理。开展产品水效检测,确定水效等级,分批发布产品水效标识实施规则,强化市场监督管理,加大专项检查抽查力度,逐步淘汰水效等级较低产品。到2022年,基本建立坐便器、水嘴、淋浴器等生活用水产品水效标识制度,并扩展到农业、工业和商用设备等领域。

8.推动合同节水管理。创新节水服务模式,建立节水装备及产品的质量评级和市场准入制度,完善工业水循环利用设施、集中建筑中水设施委托运营服务机制,在公共机构、公共建筑、高耗水工业、高耗水服务业、农业灌溉、供水管网漏损控制等领域,引导和推动合同节水管理。开展节水设计、改造、计量和咨询等服务,提供整体解决方案。拓展投融资渠道,整合市场资源要素,为节水改造和管理提供服务。

9.实施水效领跑和节水认证。在用水产品、用水企业、灌区、公共机构和节水型城市开展水效领跑者引领行动。制定水效领跑者指标,发布水效领跑者名单,树立节水先进标杆,鼓励开展水效对标达标活动。持续推动节水认证工作,促进节水产品认证逐步向绿色产品认证过渡,完善相关认证结果采信机制。到 2022 年,遴选出 50 家水效领跑者工业企业、50 个水效领跑者用水产品型号、20 个水效领跑者灌区以及一批水效领跑者公共机构和水效领跑者城市。

五、保障措施

(一)加强组织领导。加强党对节水工作的领导,统筹推动节水工作。国务院有关部门按照职责分工做好相关节水工作。水利部牵头,会同发展改革委、住房城乡建设部、农业农村部等部门建立节约用水工作部际协调机制,协调解决节水工作中的重大问题。地方各级党委和政府对本辖区节水工作负总责,制定节水行动实施方案,确保节水行动各项任务完成。

(二)推动法治建设。完善节水法律法规,规范全社会用水行为。开展节约用水立法前期研究。加快制订和出台节约用水条例,到 2020 年力争颁布施行。各省(自治区、直辖市)要加快制定地方性法规,完善节水管理。

(三)完善财税政策。积极发挥财政职能作用,重点支持农业节水灌溉、地下水超采区综合治理、水资源节约保护、城市供水管网漏损控制、节水标准制修订、节水宣传教育等。完善助力节水产业发展的价格、投资等政策,落实节水税收优惠政策,充分发挥相关税收优惠政策对节水技术研发、企业节水、水资源保护和再利用等方面的支持作用。

(四)拓展融资模式。完善金融和社会资本进入节水领域的相关政策,积极发挥银行等金融机构作用,依法合规支持节水工程建设、节水技术改造、非常规水源利用等项目。采用直接投资、投资补助、运营补贴等方式,规范支持政府和社会资本合作项目,鼓励和引导社会资本参与有一定收益的节水项目建设和运营。鼓励金融机构对符合贷款条件的节水项目优先给予支持。

(五)提升节水意识。加强国情水情教育,逐步将节水纳入国家宣传、国民素质教育和中小学教育活动,向全民普及节水知识。加强高校节水相关专业人才培养。开展世界水日、中国水周、全国城市节水宣传周等形式多样的主题宣传活动,倡导简约适度的消费模式,提高全民节水意识。鼓励各相关领域开展节水型社会、节水型单位等创建活动。

(六)开展国际合作。建立交流合作机制,推进国家间、城市间、企业和社团间节水合作与交流。对标国际节水先进水平,加强节水政策、管理、装备和产品制造、技术研发应用、水效标准标识及节水认证结果互认等方面的合作,开展节水项目国际合作示范。

参 考 文 献

[1] 刘俊良,李会东,张小燕,等.节约用水知识读本[M].北京:化学工业出版社,2017.

[2] 李雪转,于纪玉.农村节水灌溉技术[M].北京:中国水利水电出版社,2017.

[3] 国家标准化管理委员会.节约用水知识问答[M].北京:中国标准出版社,2011.

[4] 李继业,张雷,王鹏,等.绿色建筑节水设计[M].北京:化学工业出版社,2016.

[5] 国家发展和改革委员会,环境和资源综合利用司.中国工业用水与节水概论[M].北京:中国水利水电出版社,2004.

[6] 金亚征,常美花,郑志新,等.园林节水灌溉[M].北京:化学工业出版社,2014.

[7] 江西省水资源管理中心.节水知识科普读物[M].北京:中国水利水电出版社,2015.

[8] 中华人民共和国水利部农村水利司,中国灌溉排水发展中心.中国节水灌溉[M].北京:中国水利水电出版社,2009.

[9] 赵卫民,任立新,李根峰,等.节水型社会架构研究[M].河南:黄河水利出版社,2009.

[10] 水利部农村水利司,中国灌溉排水发展中心.节水灌溉科普知识100问[M].北京:中国水利水电出版社,2001.

[11] 刘红,何建平.城市节水[M].北京:中国建筑工业出版社,2009.

[12] 赵乐军.城市污水再生利用规划设计[M].北京:中国建筑工业出版社,2011.

[13] 刘昌明.水文水资源研究理论与实践[M].北京:科学出版社,2004.

[14] 徐得潜.水资源利用与保护[M].北京:化学工业出版社,2013.

[15] 孙雪涛.改革创新水资源管理水平不断提高[J].中国水利,2009(18):53-55.

［16］ 艾英武.乡镇水利管理员基础教程［M］.北京:中国水利水电出版社,2012.

［17］ 王长荣,薛长青.节水灌溉技术［M］.天津:天津大学出版社,2013.

［18］ 郭旭新,樊慧芳,要永在.灌溉排水工程技术［M］.郑州:黄河水利出版社,2016.

［19］ 高传昌,吴平.灌溉工程节水理论与技术［M］.郑州:黄河水利出版社,2005.

［20］ 刘建德,柳小龙.节水灌溉技术与运用［M］.兰州:兰州大学出版社,2007.

［21］ 李继业,董洁,田洪臣.农业节水工程技术手册［M］.北京:化学工业出版社,2014.

［22］ 刘抚英.绿色建筑设计策略［M］.北京:中国建筑工业出版社,2013.

［23］ 崔玉川.城市与工业节约用水手册［M］.北京:化学工业出版社,2002.

［24］ 董辅祥,董欣东.城市与工业节约用水理论［M］.北京:中国建筑工业出版社,2000.

［25］ 季红飞.工业节水案例与技术集成［M］.北京:中国石化出版社,2011.